JN233291

おはなし
科学・技術シリーズ

歯車のおはなし

平歯車とはすば歯車を主として [改訂版]

中里 為成 著

日本規格協会

目　　次

1. はじめに ……………………………………………………………… 7
2. 機械というもの ……………………………………………………… 9
3. いろいろな機械に用いられる部品があります ………… 11
4. 動力を伝える方法 ………………………………………………… 13
   4.1 動力とは ……………………………………………………… 13
   4.2 動力を伝える方法のいろいろ …………………………… 15
   4.3 対偶というもの ……………………………………………… 18
   4.4 摩擦車と歯車 ………………………………………………… 20
   4.5 機械の効率 …………………………………………………… 24
5. 歯車の種類のいろいろ …………………………………………… 27
   5.1 歯車対 ………………………………………………………… 27
   5.2 平行な軸に用いられる歯車：平行軸歯車対 ………… 27
   5.3 交差する軸に用いられる歯車：かさ歯車対 ………… 32
   5.4 食い違い軸に用いられる歯車：食い違い軸歯車対 ……… 34
   5.5 主な歯車の効率 ……………………………………………… 37
6. 歯車列 ………………………………………………………………… 39

7．歯車を用いた装置のいろいろ ……………………………… 45
8．歯車はいつごろから使われていたのでしょうか …… 55
9．歯車の歯をかたちづくっている曲線 …………………… 57
9.1 歯の曲線はこのようでなければなりません ………………… 57
9.2 サイクロイド曲線 ………………………………………… 57
9.3 インボリュート曲線とインボリュート関数表 ……………… 59
9.4 その他の特別な曲線 ……………………………………… 68

10．標準基準ラック歯形と歯の大きさの表し方 ………… 71
11．歯の高さによる違い ……………………………………… 79
12．かみあい長さとかみあい率 ……………………………… 81
13．平歯車には標準平歯車（x-0歯車）と転位平歯車（x-歯車）があります ………………………………………… 85
14．標準平歯車（x-0歯車）の各部の名前とその大きさ ………………………………………………………… 93
15．転位平歯車（x-歯車）の各部の名前とその大きさ ………………………………………………………… 99
16．はすば歯車の各部の名前とその大きさ ……………… 107
16.1 軸直角方式と歯直角方式，それに相当平歯車歯数 ……… 107
16.2 歯直角方式標準はすば歯車（x-0歯車） ………………… 108
16.3 歯直角方式転位はすば歯車（x-歯車） …………………… 111

17．転位はすば歯車（x-歯車）が円筒歯車の一般的な形です …………………………………………………… 115

18. お互いの歯がなるべく歯すじ方向にも歯たけ方向にもまん中で当たるようにする工夫 ………117

19. 歯車の強さはどうでしょう ………121
19.1　もとになることがら ………121
19.2　歯の曲げ強さの考え方 ………128
19.3　歯面強さの考え方 ………131
19.4　スコーリング強さ ………132
19.5　歯車の強さを計算するいろいろなやり方 ………132

20. 歯車の材料は何を用いればよいでしょう ………137
20.1　鋳鉄及び鋳鋼品 ………137
20.2　機械構造用炭素鋼鋼材 ………138
20.3　機械構造用合金鋼鋼材 ………141
20.4　非鉄金属材料 ………142
20.5　非金属材料 ………143

21. 歯車のつくり方 ………145
21.1　鋳造または打ち抜きのままのもの ………145
21.2　歯車の歯溝を削り取っていく方法 ………145
21.3　歯車の仕上げ方法 ………151
21.4　その他の歯車をつくる方法 ………155

22. 歯車の正確さとそれを測るには ………159
22.1　現行の歯車の精度等級 ………159
22.2　従来の歯車の精度等級 ………164

22.3 中心距離の許容差 ………………………………………165
22.4 バックラッシ ………………………………………………168
22.5 歯厚の定め方とその測り方 ……………………………171
22.6 歯当たり ……………………………………………………176

23. 歯車の潤滑の方法
23.1 潤滑とは何でしょう ……………………………………179
23.2 潤滑剤のこと ………………………………………………179
23.3 潤滑の方法 …………………………………………………181
23.4 潤滑をしない歯車 ………………………………………184

24. 歯車装置の騒音と振動 ………………………………185

25. 歯車装置を運転するには …………………………187
25.1 歯車装置の組立てと分解 ………………………………187
25.2 試運転 ………………………………………………………188
25.3 現地試運転,そして実際に運転されるまで …………190

26. 歯車装置と歯車の図面の例 ………………………193
26.1 歯車装置の図面 ……………………………………………193
26.2 小はすば歯車の図面 ……………………………………195
26.3 大はすば歯車の図面 ……………………………………199

27. あとがき ………………………………………………………201

参考規格及び参考文献 ……………………………………………203
索引(和英) …………………………………………………………206

1. はじめに

　歯車のお話をしようと思います．歯車の専門の先生方や専門のお仕事をなさっておられる方はたくさんいらっしゃいます．ですから私がお話しなくとも，きちんとした場面ではきちんとしたお話がなされています．でも，一般の人が日常に歯車のことを考え，取り扱うということがあるのではないでしょうか．その中には，中学校，工業高校の生徒さんや，高等専門学校，専門学校や大学の学生さん，そして，社会で活躍なさっている方々で，これから歯車関係のお仕事に携わって行く方などもいらっしゃることでしょう．このような方々に歯車のごく初歩的な部分をお話して，歯車のことを本格的に勉強するためのきっかけになればと思います．

私は，歯車の製造会社にいたこともなく，歯車専門の研究者でもありません．しかし，一介の機械技術者として歯車には関係してまいりました．そして，歯車のことを知って行くにつれて，何と深く多くの技術がこれを支えているかを知りました．そこには，学問も大切でしたが，技術によるところが大きいということも知りました．学問と技術は等しくはないのです．

　ここでは，あまり学問的なお話はいたしません．私の経験から，歯車を取り扱って行くために，まず初めに必要と思われるお話をいたします．

　機械を取り扱う，すなわち，機械を設計したり，製造したり，そしてその試験・検査をしたり，また，その機械を保守・点検をしたり，運転したり，また，それらの説明書を書いたりする仕事は，とても大切な仕事です．このような仕事につく方々に少しでもお役に立てば幸いです．

　この本は，はじめは歯車の種類のほぼ全体のお話をしようと考えたのですが，歯車というものは，種類も，そしてそのそれぞれの内容もたいへんに範囲が広く，途中でお話しきれないことがわかりました．そこでこの本では，代表的な歯車である主として平歯車とはすば歯車にお話の範囲をせばめました．この点，この本をお読みになる方々にご了解を賜りたいと存じます．

　改訂にあたって

　1996年の初版以来，歯車関係JISがほとんど改正されました．本書も改正JISに沿って見直しました．その結果，図表については，旧JISを採用したものがあります．その理由は，筆者が，旧JISのほうがわかりやすいと判断したからです．各章末の引用文献のJIS番号の前に＊をつけて旧JISであることを断っていますので，ご理解いただければ幸いです．

2. 機械というもの

　歯車は，主に機械に用いられます．ですから機械とはどのようなものかを簡単ですけれども考えておきましょう．

　機械をきちんと表す（機械の定義）には，いろいろな考えや表し方があると思いますが，ここでは一つの表し方によります．

　機械は，次の四つのことにすべてあてはまるものをいいます．

① お互いに関係する部分を組み合わせたものであること．
② これらの部分は，力が加わっても，こわれたり，形が変わったりしないこと．
③ それぞれの部分は，一定の限られた動きをすること．
④ 外から受け取ったエネルギーを有効な仕事に変えて外に出すこと．

　機械の説明の②について：こわれては機械として役に立ちませんが，物体に力が加わると正確にはごくわずか形が変わります．力を除くと元に戻る変形を弾性変形といい，機械はその限度以下でつくられています．また，機械には，力が加わると形が変わることを期待した部品，たとえば，ばねやタイヤなどがありますが，これらも弾性変形の限度以下でつくられています．

　機械の説明の④について：水力発電では，高い所のダムにためた水の位置のエネルギーを落下させて水の運動のエネルギーとし，それを水車という機械で回転のエネルギーに変え，さらに発電機という機械で電気のエネルギーに変えています．そのあとはご存じのとおりで，電気はいろいろな仕事をやってくれます．ここでいうエネルギーとは，物理的な仕事をする能力と考えてください．

　ここで，自動車という機械を考えてみましょう．自動車はたくさんの部品からできており，それらはそれぞれ関係した役目を持っています．そしてその部品は，こわれたら大変ですし，車体が提灯のように伸びたり縮んだりはしません．ハンドルを右に切ったら右に曲がり，左に切ったら左に曲がります．それ以外は右に切ったらたまにはまっすぐ走ってしまうなどということはしません．ガソリンが持っているエネルギーをエンジンでクルクル回る運動（機械的エネルギー）に変えて，それを変速機や歯車減速機やいろいろな軸を通じてタイヤを回し，タイヤは，道路をうしろに蹴飛ばすことによって自動車は前に進み，私たちにドライブを楽しませるという有効な仕事をしてくれるのです．

　瀬戸大橋や東京タワーなどは，③と④がないので構造物といわれます．蒸気ボイラなどは，③がないので装置です．のこぎり，やすり，ハンマなどは，③を満たさないので工具と呼ばれ，時計やカメラなどは仕事を外に出さない，つまり④を行わないので，器械または機器といわれます．なお，時計やカメラや測定機などの機器類にも歯車を用いているものがたくさんあります．

3. いろいろな機械に用いられる部品があります

　まわりにある機械を観察してごらんなさい．どの機械にも似たような部品が使われていることに気がつくと思います．たとえば，ねじ類，軸，軸受，チェーン（鎖），ベルトなどです．そして歯車はどうでしょう，やはり多くの機械に使われていますね．このようにそれらの機械に独特な台枠（自転車のフレームや自動車のシャーシや車体のようなもの）などを除いて，形や大きさは違うにしても，いろいろな機械に用いられる部品を機械要素といいます．

　機械を構成する部品は，すべてが大切なのです．したがって，機械要素もまた，大切な役目を持った部品です．

　歯車は，機械要素の仲間です．そして，歯車は，何十万トンもの大きな船の減速機や新幹線などの電車，自動車などの機械から腕時計やいろいろな機器類まで，大きなものから小さなものにまで広く用いられています．

4. 動力を伝える方法

　歯車は，回転するものですから，自動車に用いられている歯車のように回転の力と回転数を伝えるものと，時計や計器に用いられている歯車のように伝える力はごく小さいけれども回転角を正確に伝えなければならないものとがあります．ここでは，前のもの，つまり動力を伝えることについて，簡単にお話します．

4.1　動　力　と　は

　あるものをある距離，移動させたら仕事をした，といいます．ものを移動させるには力がいりますから，仕事の量は力と移動距離を掛け合わせたものです．すなわち，

　　　　仕事の量＝力×移動距離

ということです．そして，仕事率または動力というのは，単位時間（1秒とか1分とか1時間など）当たりの仕事の量のことですから，動力は仕事の量を時間で割ったものです．

$$動力 = \frac{仕事の量}{時間} = \frac{力 \times 移動距離}{時間}$$

　ところが，移動距離を時間で割ったものは速度ですから，

　　　　動力＝力×速度

となります．

　これは，直線運動のときでした．では，回転運動のときはどうな

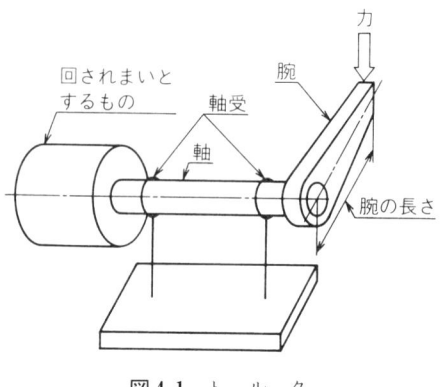

図 4.1 ト ル ク

るでしょう．

　回転運動は，図 4.1 のような回されまいとする物が付いた軸を回そうとすることと考えましょう．軸に腕を取り付けて軸の中心からある距離のところに力を加えます．それによって軸を回転させようとしますが，この力と腕の長さを掛け合わせたものをねじりモーメントまたはトルクといいます．

$$\text{トルク} = \text{力} \times \text{腕の長さ}$$

　そして，トルクと回転の角度を掛け合わせたものが回転運動のときの仕事の量です．

$$\text{仕事の量} = \text{トルク} \times \text{回転角} = \text{力} \times \text{腕の長さ} \times \text{回転角}$$

　また，仕事率または動力は，単位時間当たりの仕事の量ですから，回転角を時間で割ったものを角速度といいますので，

$$\text{動力} = \frac{\text{仕事の量}}{\text{時間}} = \frac{\text{トルク} \times \text{回転角}}{\text{時間}}$$
$$= \text{トルク} \times \text{角速度}$$

となるのです．これらの関係を表 4.1 に示します．

4. 動力を伝える方法

表 4.1 動　　力

運　動	仕事の量	動　力
直線運動	力×移動距離	仕事の量÷時間 ＝力×移動距離÷時間 ＝力×速度
回転運動	トルク×回転角 ＝力×腕の長さ×回転角	仕事の量÷時間 ＝トルク×回転角÷時間 ＝トルク×角速度

4.2 動力を伝える方法のいろいろ

　動力は，力と速度またはトルクと角速度から成り立っています．それで，いろいろな場合の動力を伝える方法を考えてみましょう．
　表 4.2 を見てください．この中で直接接触によって動力を伝える

表 4.2 動力を伝える方法

動力を伝える方法	動力を伝える様子	例
直接接触によるもの	すべり接触 ころがり接触	摩擦車，歯車，カム，ねじなど
仲介物によるもの	剛体仲介物によるもの	リンク，ロッド，軸，軸継手など
	可とう仲介物によるもの	ベルト，ロープ，チェーンなど
流体または電磁作用によるもの	流体仲介物によるもの	空気・油圧シリンダ，流体継手，トルクコンバータ，オイルポンプ・モータなど
	電磁作用によるもの	電池と電磁石，発電機と電動機など

ものの中に摩擦車や歯車が入っています．また，この中の仲介物によるものの内，剛体仲介物があります．完全剛体とは，力が加わってもまったく変形をしないものをいい，そのような物体はないのですけれども，それに近いものを剛体といっています．可とう仲介物とは，ベルト，ロープやチェーン（鎖）のように力を伝える方向には剛体に近いけれども他の方向には小さな力でしなしなと曲げることができるものです．

流体仲介物は，仲介物によるものとすきま，空間を隔てたものにまたがっていますが，この内，仲介物によるものには油で作動する流体継手やトルクコンバータで，すきま，空間を隔てたものはオイルポンプとオイルモータの組合せや空気圧や油圧で作動するシリンダなどです．つまりそれらの間を管でつないで（配管）やれば空間を隔てても動力を伝えられます．

電磁作用によるものは，発電機と電動機の組合せや電磁石で物をつり上げたりする場合で，これは電線をつなぐ（配線）ことにより，かなり遠くまで動力を伝えることができます．

これらは，図4.2～図4.5を参照してください．

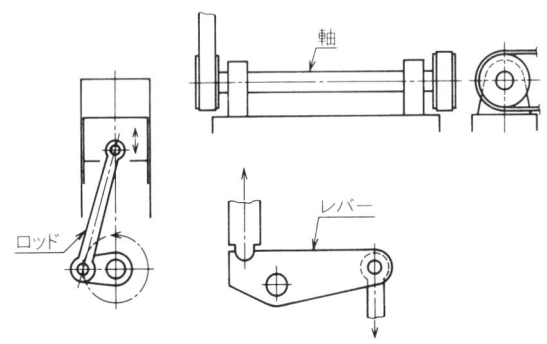

図4.2　剛体仲介物

4. 動力を伝える方法

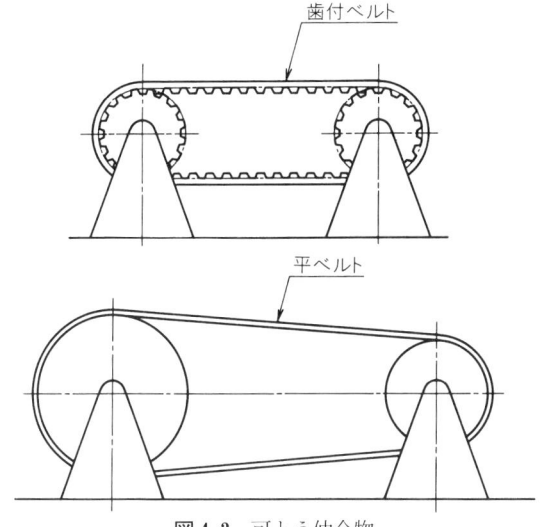

図 4.3　可とう仲介物

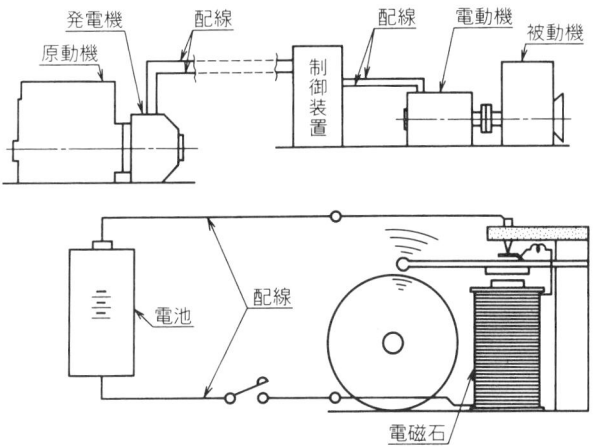

図 4.4　電磁仲介物

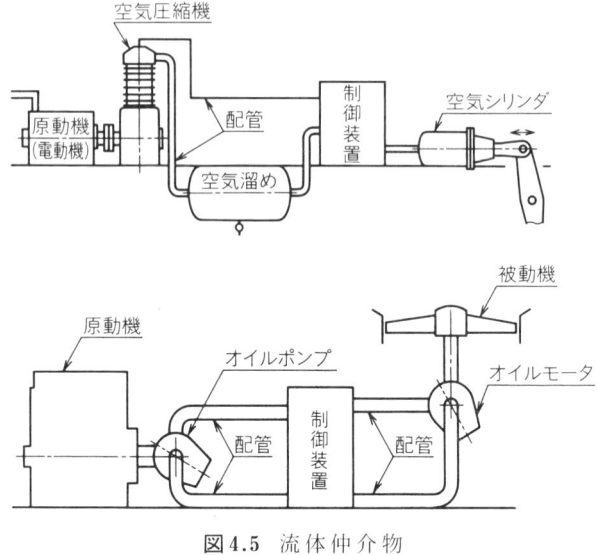

図 4.5 流体仲介物

4.3 対偶というもの

　機械の部品がお互いに動くためには，その一番小さな部分を見れば，そこには少なくても二つの部品があり，その二つの部品を一組の対偶といいます．

　これらを説明したのが表 4.3 と図 4.6 です．

　歯車を対偶ということから見れば，歯車の種類にもよりますが，平歯車などは点・線対偶，ウォームギヤなどは点・線対偶にすべり対偶とねじ対偶が加わったものと考えることができます．

4. 動力を伝える方法

表 4.3 対　偶

対偶の種類		例
面対偶	すべり対偶	ピストンとシリンダ，旋盤のベッドと刃物台など
	回り対偶	軸とすべり軸受など
	ねじ対偶	おねじとめねじなど
点線対偶	点対偶	球軸受の球と外輪，内輪など
	線対偶	摩擦車，平歯車，ころ軸受のころと外輪，内輪など

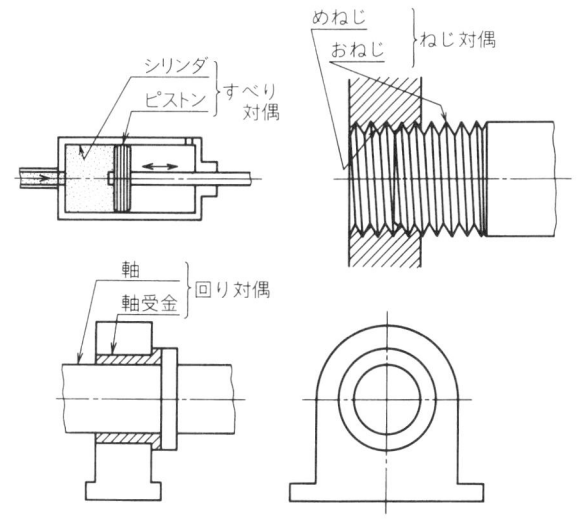

図 4.6　対偶の種類

4.4 摩擦車と歯車

図 4.7 (a) のように，ある厚さをもった円板を二つ接触させます．このような仕掛けを摩擦車といいます．

そして，記号を次のようにしましょう．

- d_1：左側の円板の直径
- d_2：右側の円板の直径
- T_1：左側の円板の軸のトルク
- T_2：右側の円板の軸のトルク
- n_1：左側の円板の回転数
- n_2：右側の円板の回転数
- i：回転速度比
- P：二つの円板を接触させる力
- F：二つの円板に共通な接線方向の力
- μ：二つの円板の摩擦係数
- a：二つの円板の中心距離

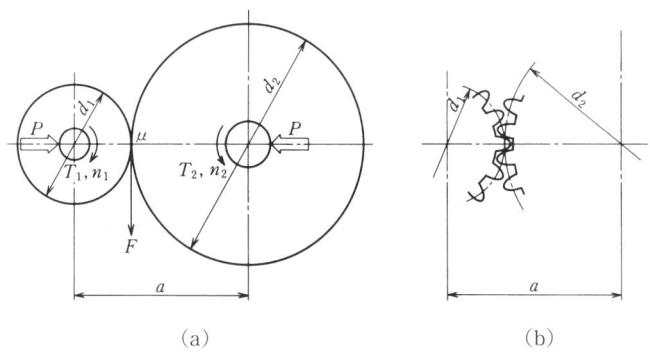

図 4.7　摩擦車と歯車

さて、トルクは、力に腕の長さを掛けたもので、この場合腕の長さに相当するものは円板の半径です。また、二つの円板の接触する部分の摩擦力は、接触させる力に摩擦係数を掛けたものです。

$$T_1 = F \times \frac{d_1}{2} = P \times \mu \times \frac{d_1}{2} \tag{4.1}$$

$$T_2 = F \times \frac{d_2}{2} = P \times \mu \times \frac{d_2}{2} \tag{4.2}$$

となります。上の式から、

$$\frac{T_2}{T_1} = \frac{F \times \dfrac{d_2}{2}}{F \times \dfrac{d_1}{2}} = \frac{d_2}{d_1}$$

ですから、

$$T_2 = \frac{d_2}{d_1} \times T_1 \tag{4.3}$$

となりました。つまり、右側の円板の軸のトルクは、左側の円板の軸のトルクの (d_2/d_1) 倍ということですね。

たとえば、$d_1 = 100$ mm、$d_2 = 200$ mm とすれば、右の軸には左の軸の2倍のトルクが伝えられたということです。

それでは、回転数はどうでしょう。左の円板が1回転したとき、πを円周率としますと、左の円板の一番外の一点は、$\pi \times d_1$ だけ進みます。ところが、右側の円板の一番外も $\pi \times d_1$ しか進みませんから、右側の円板は、$(\pi \times d_1) \times (d_1/d_2)$ だけ回転します。n_1を左側の円板の回転数、n_2を右側の円板の回転数とすると、

$$\frac{n_2}{n_1} = \frac{\pi \times d_1 \times \dfrac{d_1}{d_2}}{\pi \times d_1} = \frac{d_1}{d_2} \tag{4.4}$$

ですから,

$$n_2 = \frac{d_1}{d_2} \times n_1 \tag{4.5}$$

となります.先の例の $d_1 = 100$ mm, $d_2 = 200$ mm をあてはめると,

$$n_2 = \frac{100}{200} \times n_1 = \frac{1}{2} \times n_1$$

となって,左側の円板が1回転すると,右側の円板は半回転するということです.

そして n_1 と n_2 の比を回転速度比といい,i で表すと,

$$i = \frac{n_1}{n_2} = \frac{d_2}{d_1}$$

となります.

さて,回転するときの動力は,[トルク×角速度]でした.角速度は,単位時間当たりの回転数ともいえますから,先の例で,左の円板に対して右の円板は,トルクは2倍,回転数は1/2になるのですから伝えられた動力の値は変わりありません.

このように,左側の円板を回してやって(原動車),右側の円板(従動車)に回転を伝えるとき,回転数は減るので,これを減速といい,逆に右側を原動車,左側を従動車とすると回転数は増えるので,増速といいます.

両円板の中心距離は,図からわかるように,

$$a = \frac{d_1}{2} + \frac{d_2}{2} = \frac{d_1 + d_2}{2}$$

となります.

さて,いままでお話してきたことは,両方の円板の接触部にまったく滑りがないとしたときのことです.ところが,接線力 F は,二つの円盤を接触させる力 P と摩擦係数 μ を掛け合わせたもので,

$$F = P \times \mu$$

です.式(4.1),式(4.2)から,大きなトルクを伝えるためには,Fを大きくすればよいのですが,Pを大きくすると円板の材料にもよりますが,接触部分がつぶれてこわれる心配があります.また,Pの力を発生させる仕掛けも必要となります.さらに,摩擦係数μは,両円板の材質によって定まる値で,これもやたらと大きくすることはできません.そして,摩擦係数は,止まった状態ではある値をとりますが,動きはじめると小さくなることは知っていますね.このように摩擦係数はとても不安定で,いつも定まった値が期待できないのです.

これらのことから,摩擦車は,あまり大きなトルクや動力を伝えるには不向きなことが多いのです.でも摩擦車にもよいことがあって,何かの事情で急に大きなトルクが発生したときなどは,接触部で滑ってくれて,機械全体がこわれることから救ってくれるということがあります.金属の板を曲げたり,打ち抜いたりするプレスという機械などに用いられます.身近にある摩擦車は何でしょう.自転車の灯り用の発電機,あれの軸の先についている小さな車がタイヤと接触して回る摩擦車です.小さい車についているギザギザは,摩擦係数を大きくするための工夫です.

さて,確実に動力や回転角を伝えるには,どうしたらよいでしょう.それは,図4.7(b)のように,摩擦を期待するのではなく,円板のまわりに凸と凹をかわるがわるつくってやり,それで両方の円板の凹凸を互いにかみあわせてやればよいわけです.これが歯車というわけですが,この凸凹は,かみあいの位置で回転速度が変わるものでは困ります.また,凸の部分がポキンと折れたり,減ってしまうものでも困ります.そこで,いろいろな工夫がされてできあがったものが歯車なのです.

なお，摩擦車としてお話しましたが，摩擦係数や摩擦力を除いて，トルク，回転数，動力の伝達などは，歯車も同じことになります．

4.5 機械の効率

機械の条件の中に"外から受け取ったエネルギーを有効な仕事に変えて外に出すこと"というのがありましたね．

その出した仕事と受け取ったエネルギー（この場合，仕事と考えてよいです）の比を，その機械の効率といいます．

$$機械の効率 = \frac{出した仕事}{受け取った仕事}$$

そして，動力は，単位時間当たりの仕事ですから，機械の効率は，出した動力と受け取った動力の比としてもよいわけです．そして，受け取った動力から出した動力を引いたものを動力損失といいます．

機械の効率は，普通，上の比に100を掛けた百分率（パーセント）の形でいうことが多いのです．

自動車など内燃機関（エンジン）を用いた機械は，燃料が持っているエネルギーの 35〜40％くらいしかタイヤを回す仕事に使われていないといいます．その他は，排気やラジエータからの放熱で大気中に放散されています．もっと効率が悪かったのは，蒸気機関車の蒸気機関で，石炭の持つエネルギーの 10％くらいだったそうです．機械工学の大きな目的として，この機械の効率を上げることがあり，昔から多くの人々が取り組み，現在も続けられています．

さて，歯車装置の場合は，歯面の摩擦，軸受の摩擦などの，摩擦損失と潤滑油をかきまわす損失などによりますが，これらは，主に熱として放散されます．摩擦が，摩耗になると困ります．自分や相手をすり減らすことで，要するに削り取っているのですから，これの仕事をやられてはたまらないのです．

主な歯車の効率は，5.5 節で示します．

5. 歯車の種類のいろいろ

5.1 歯 車 対

　歯車にはいろいろな種類があり，どの歯車も，歯がかみあうことによって，回転を一方の軸から他の軸に伝えるものです．ですから，歯車1個ではその役目をしません．必ず相手の歯車があるわけです．平歯車と平歯車，内歯車と小歯車，ウォームとウォームホイールなどです．

　この相手の歯車を含めていうときに歯車対という言葉を用います．

5.2　平行な軸に用いられる歯車：平行軸歯車対

（1）　円筒歯車対

　円筒の外周または内周に歯をつくった歯車の対のことをいいます．円筒歯車対で，平行な軸に用いられるものには，あとでお話するように，平歯車対，はすば歯車対，やまば歯車対，内歯車対，ラックと小歯車の対などの仲間があります．

　なお，円筒歯車対には，互いに平行な軸ではなく，食い違った軸に用いられるねじ歯車対というものもあります．

（2）　平歯車対

　平歯車対は，最も一般的な歯車で，図5.1に二つの歯車がかみあった状態で示すとおり，円筒の外周に歯すじを軸に平行な直線と

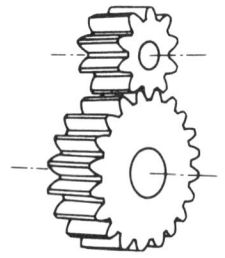

図 5.1 平歯車対[1]

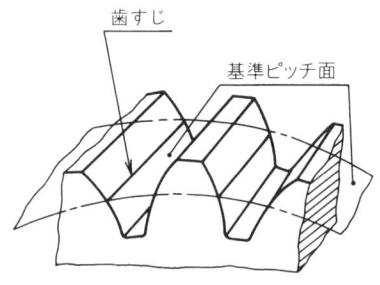

図 5.2 歯 す じ[2]

してつくった歯車を平歯車といいます．このように，二つの歯車がかみあったとき，小さい歯車のほうを小歯車またはピニオン，大きなほうの歯車を大歯車またはギヤといいます．

なお，歯すじとは，図 5.2 に示すように，歯の面と基準ピッチ面との交わった線，歯の面の中ほどに手前から向こうまで太い実線で描いた線です．ただし，この線は，実物の歯車にはありません．

（3） はすば歯車対

図 5.3 に，小はすば歯車と大はすば歯車がかみあった様子を示します．はすば歯車は，歯すじがつる巻き線である円筒歯車です．

5. 歯車の種類のいろいろ

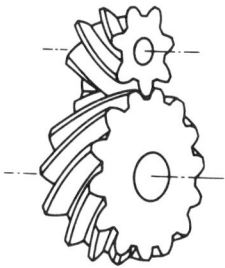

図 5.3 はすば歯車対[3]

つる巻き線とは，円筒に直角三角形の紙を巻き付けてできる線で，図 5.4 の進み角が大きいときのものがはすば歯車となり，進み角が

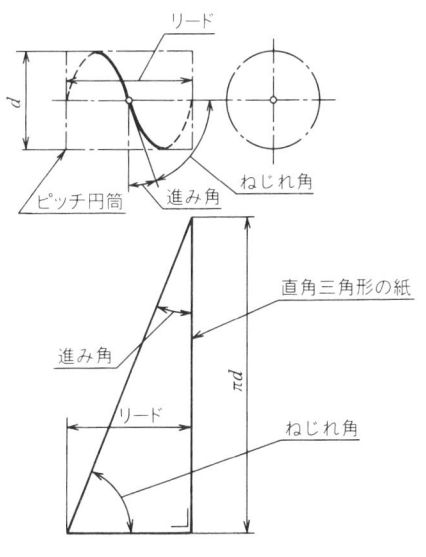

図 5.4 進 み 角

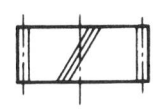

右ねじれはすば歯車

左ねじれはすば歯車

図 5.5 右ねじれと
　　　　左ねじれ[4]

小さいときにウォームやねじになります.

はすば歯車のねじれ角は,進み角とは違い,つる巻き線を歯車の軸線に投影したとき,軸線となす角をいいます.図5.4を見てください.つる巻き線をつくるとき用いた直角三角形の進み角と直角を除いた角ともいえます.ねじれ角には歯すじの方向によって図5.5のように,右ねじれの歯車と左ねじれの歯車があり,平行軸でかみあう一組のはすば歯車対のねじれ方向はお互いに逆になります.

はすば歯車対は,平歯車対に比べて,なめらかで静かな回転をします.ただし,歯がねじれているので,軸方向の力が生じます.

（4） **やまば歯車対**

やまば歯車対は,図5.6のように一つの歯車がねじれ方向の違うはすば歯車を二つ一体にしたような歯車で,なめらかで静かな回転

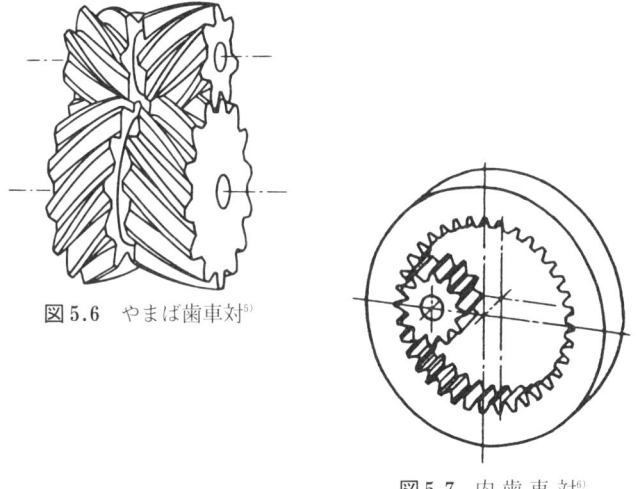

図5.6　やまば歯車対[5]

図5.7　内歯車対[6]

5. 歯車の種類のいろいろ　　31

をしますが,軸方向に生じる力は,それぞれの歯車の中でつりあうので,歯車の外には伝わりません.

(5) 内歯車対

内歯車は,図5.7のように,円筒の内側に歯をつくったもので,歯すじが軸に平行なすぐば内歯車（平歯車を円筒の内側につくったようなもので,この場合単に内歯車ともいいます）と,歯すじをねじった,はすば内歯車があります.

内歯車にかみあう,相手の歯車は,小さな外歯車となり,これをピニオンということがあります.

これらの対を内歯車対といいます.

(6) ラック*

ラックは,図5.8のように,平らな板またはまっすぐな棒に歯をつくったもので,平ラックと,はすばラックがあります.これらに

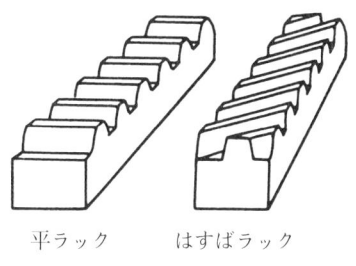

平ラック　　はすばラック

図5.8 ラ　ッ　ク[7]

---

* ラックについて：平らな板またはまっすぐな棒は,直線です.直線は,円の直径を無限に大きくしたときの一部とも考えられます.考えにくかったら,直径が地球ほどある円と考えます.そうすると,太平洋の水は確かに球面ですが,洗面器にとった水は水平つまりそれを切ったら直線になるでしょう.ですからラックは,円筒歯車の仲間なのです.

かみあう歯車は，平歯車またははすば歯車となります．

5.3　交差する軸に用いられる歯車：かさ歯車対

　交差する軸に用いられる歯車すべてをかさ歯車対といいます．交差する軸（この場合の軸は，軸心と考えてください）とは，二つの軸が，一点で交わる軸のことで，図5.9のように二つの軸の間の角度を軸角といいます．

（1）　すぐばかさ歯車対

　図5.10のように，円すいの一部（円すい台）に，歯すじの延長線が軸の交点（円すいの頂点）に向くように歯をつくったものです．なお，歯先や歯底を連ねてできる円すいの頂点も軸の交点に一致するものが多いようです．軸角は，90°です．

　すぐばかさ歯車は，和傘（蛇の目傘や唐傘など）に似ているでしょう．ですから，円すい台に歯を作った歯車のすべてを，かさ歯車といいます．子供のころ，雨あがりの学校の帰り道，友だちとかさの骨の部分をくっつけあってクルクル回して遊びませんでしたか．かさ歯車対の実験をやったようなものですね．

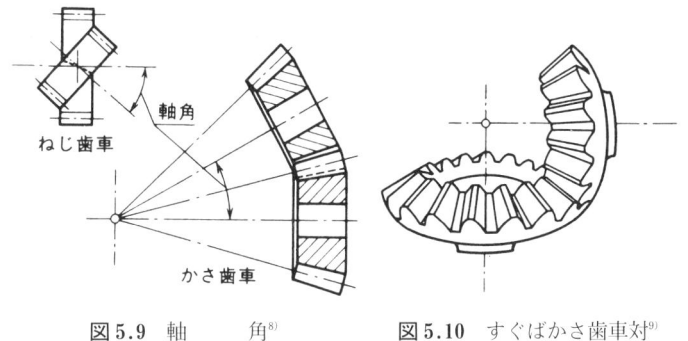

図5.9　軸　　　角[8]　　　図5.10　すぐばかさ歯車対[9]

5. 歯車の種類のいろいろ   33

（2） はすばかさ歯車対

図5.11のように，歯すじはまっすぐですが，その延長線が軸の交点を通らない，かさ歯車です．軸角は，90°です．

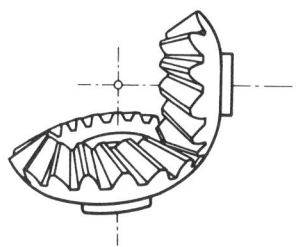

図5.11 はすばかさ歯車対[10]

（3） まがりばかさ歯車対

図5.12のように，歯すじが曲がったかさ歯車です．自動車などに用いられます．軸角は，90°です．

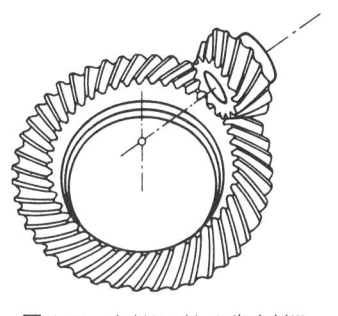

図5.12 まがりばかさ歯車対[11]

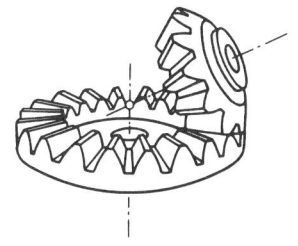

図5.13 斜交かさ歯車対[12]

(4) マイタ歯車対

軸角90°で，歯数の等しいかさ歯車の対を，特にマイタ歯車といいます．直交する軸で，回転数を同じにしたいとき用いられます．

(5) 斜交かさ歯車対

図5.13のように，軸角が90°でない，かさ歯車の対をいいます．

(6) 冠歯車

図5.14のように，ピッチ円すいの角度が，90°のかさ歯車をいいます．

(7) フェースギヤ

図5.15のように，小さい平歯車などとかみあうように，円板に歯をつくったものです．

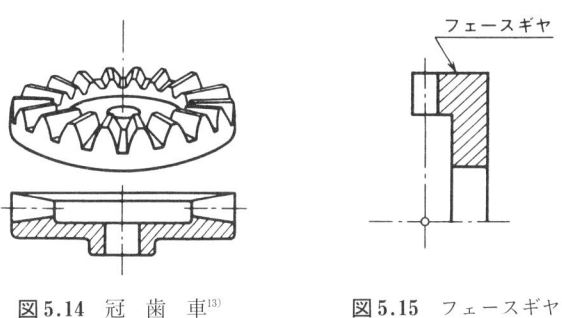

図5.14　冠　歯　車[13]　　図5.15　フェースギヤ[14]

5.4　食い違い軸に用いられる歯車：食い違い軸歯車対

食い違い軸とは，二つの軸心が平行でなく，交わらないものをいいます．つまり，道路でいえば立体交差のようなものです．一方，交差する軸とは，交わる軸のことで，平面交差のようなものでした．

5. 歯車の種類のいろいろ　　　　35

（1） ハイポイドギヤ対

　図5.16のようなもので，まがりばかさ歯車に似ていますが，二つの軸心が交わりません．図5.16のEの寸法（二軸の最短距離）をオフセットといいます．ハイポイドギヤ対は，高級な乗用自動車などに用いられています．

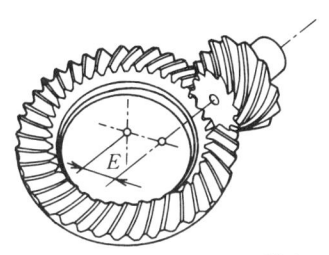

図5.16 ハイポイドギヤ対[15]

（2） ウォームギヤ対

　図5.17の丸棒にねじをつくったようなものをウォームといい，それにかみあうはすば歯車のようなものをウォームホイールといい，これらを組み合わせたものをウォームギヤ対といいます．

　また，図5.18のように，かみあう歯の数を増すようにウォームの形を鼓のような形にしたものを鼓形ウォーム，それにかみあうウォールホイールを鼓形ウォームホイールといい，これらの組合せを鼓形ウォームギヤ対といいます．

　ウォームギヤ対は，エレベータやエスカレータなど，いろいろな機械に用いられています．

　なお，ウォームとは，英語で長細い虫のことですから，この名前を付けた人はウォームが回転しているのを見て，いも虫が這いずっている様子を想像したのでしょうね．

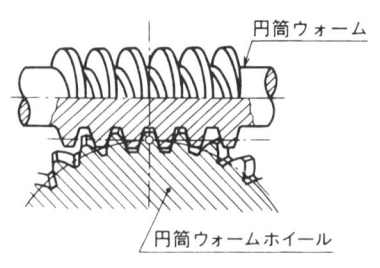

図5.17 円筒ウォームギヤ対[16]

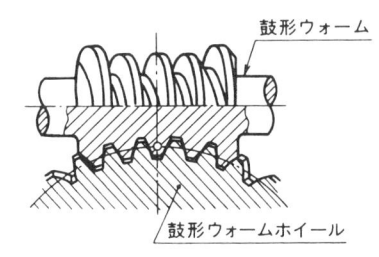

図5.18 鼓形ウォームギヤ対[17]

（3） ねじ歯車対

ねじ歯車対は，図5.19のようなもので，一つ一つの歯車を見れば，はすば歯車になっていますね．実は，ねじ歯車の一つ一つは，

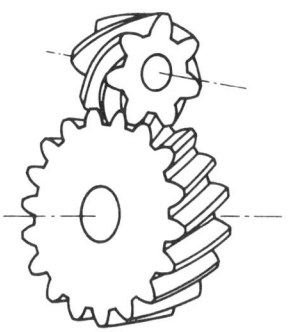

図5.19 ねじ歯車対[18]

円筒歯車の仲間なのです．そして，歯すじの方向と，ねじれ角を選んでつくれば食い違い軸に使える歯車の対となります．

5.5　主な歯車の効率

機械の効率は，4.5節でお話したように，出した仕事と受け取った仕事の比でしたね．

歯車の組合せでも出力軸から出した仕事と入力軸から入れてやった仕事の比が歯車の効率になります．出した仕事よりも入れてやった仕事のほうが必ず大きいのです．そして，効率は，それらの割った数に100を掛けてパーセントで表すのでしたね．ですから効率は，必ず100％以下なのです．

それでは，歯車でなくなった分はどうなるのでしょう．これは，潤滑油をかきまわすことによる熱になることが多いのですが，歯車

表5.1　主な歯車対の効率

軸の形	歯車対の種類		最大歯数比	効率 %
平行軸	平歯車 はすば歯車		12	98〜99.5
交差軸	すぐばかさ歯車		8	〜96
	まがりばかさ歯車		8	〜98
食い違い軸	ハイポイドギヤ		10	〜97
	ウォームギヤ	進み角 5°	100 ↕ 2.5	60〜70
		進み角 10°		75〜85
		進み角 20°		85〜90
		進み角 40°		90〜95

や軸受を減らしていく仕事に使われることがあって，これは困ったものなのです．潤滑などを工夫してこれが起こらないようにしなければなりません．

　表 5.1 に主な歯車の組合せの効率の大略の値を示します．やはり，歯の面ですべりながら回る食い違い軸歯車の効率は低いのです．

引 用 文 献

1)* JIS B 0102(1988)　歯車用語，p.35，図 12401
2)　文献 1)，p.33，図 12104
3)　文献 1)，p.35，図 12403
4)　文献 1)，p.36，図 12404，図 12405
5)　文献 1)，p.36，図 12406
6)　JIS B 0102(1999)　歯車用語―幾何学的定義，p.5，1.2.2.6
7)　文献 1)，p.32，図 11203
8)　文献 1)，p.31，図 11107
9)　文献 1)，p.50，図 31404
10)　文献 1)，p.50，図 31405
11)　文献 1)，p.50，図 31406
12)　文献 1)，p.49，図 31402
13)　文献 1)，p.49，図 31403
14)　文献 1)，p.50，図 31408
15)　文献 1)，p.50，図 31407
16)　文献 1)，p.50，図 41003
17)　文献 1)，p.50，図 41006
18)　文献 1)，p.38，図 13303
　　*は，旧 JIS

6. 歯車列

（1） 歯数比
　一組の歯車対で，歯数が少ないほうの歯車を小歯車，歯数が多いほうの歯車を大歯車といいます．そして，大歯車の歯数を小歯車の歯数で割った数を歯数比といいます．ですから，歯数比は，1以上の数となります．
　なお，ウォームの歯数は，ウォームの条数になります．

（2） 駆動歯車と被動歯車
　歯車対で，相手の歯車を回転させる歯車を駆動歯車といい，相手の歯車によって回転させられる歯車を被動歯車といいます．

（3） 歯車列
　図6.1のように，歯車対をいくつか組み合わせたものを歯車列と

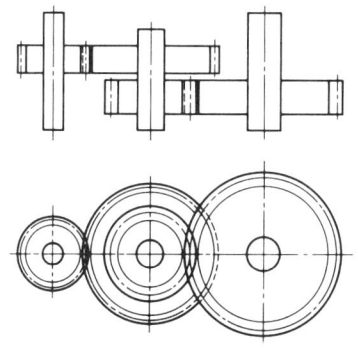

図 6.1　歯　車　列

いいます．

（4） 速度伝達比

一組の歯車列で，最初の駆動歯車の回転数を最後の被動歯車の回転数で割った数です．

（5） 減速歯車列と減速比

図6.2のような歯車対で，z_1の歯数の小歯車を駆動歯車とし，z_2の歯数の大歯車を被動歯車としたとき，歯数比(u)は，z_2/z_1ですね．

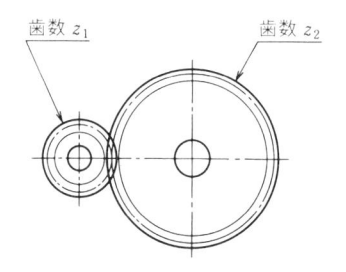

図6.2 減速歯車列

そして，この場合，小歯車(z_1)が1回転したとき，大歯車(z_2)は，z_1/z_2回転しかしません．$z_1<z_2$ですから，大歯車の回転数は，1回転以下です．このときの速度伝達比iは，

$$i = \frac{1}{\frac{z_1}{z_2}} = \frac{z_2}{z_1}$$

となります．そして，回転方向は，お互いに逆方向となります．

図6.3のような歯車列ではどうでしょう．このとき，最初の駆動歯車の歯数をz_1，中間の歯車の歯数をz_2，最後の被動歯車の歯数をz_3とし，そして，$z_1<z_3$としましょう．z_1の歯車が1回転すると，

6. 歯車列

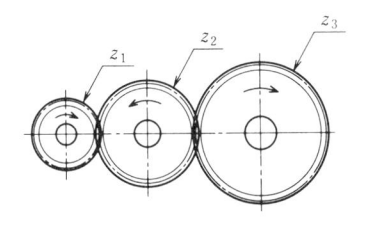

図 6.3 中 間 歯 車

それにかみあっている z_2 の歯車は，z_1/z_2 だけ回転します．さらに，z_2 の歯車にかみあっている z_3 の歯車は，z_2/z_3 だけ回転します．このときの速度伝達比は，

$$i = \frac{1}{\dfrac{z_1}{z_2}} \times \frac{1}{\dfrac{z_2}{z_3}} = \frac{z_2}{z_1} \times \frac{z_3}{z_2} = \frac{z_3}{z_1}$$

となります．このことは，中間の歯車（中間歯車といいます）の歯数 z_2 には関係しないということです．図 6.4 のように中間歯車の数を増やしても同じことで，最初の駆動歯車と最後の被動歯車の歯数にだけ関係します．ただ，回転方向は，中間歯車の数が奇数のときは，最初の駆動歯車と最後の被動歯車の回転方向は同じ，偶数のときは逆の回転方向となります．

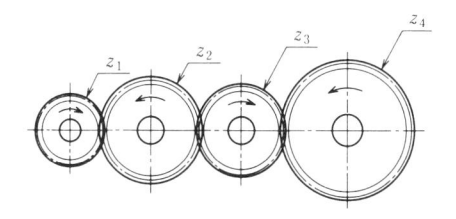

図 6.4 複数の中間歯車

次に，図6.5のように，I軸に歯数 z_1 の小歯車を取り付け，II軸に z_1 にかみあう z_2 の大歯車と z_3 の小歯車を取り付け，さらにIII軸に z_3 にかみあう z_4 の大歯車を取り付けます．そして，z_1 の小歯車を最初の駆動歯車，z_4 を最後の被動歯車とします．このように，2回減速する歯車列を2段減速といいます．このとき，z_1 が1回転すれば，z_2 は z_1/z_2 回転します．z_3 は z_2 と同じ回転をし，z_4 は z_3 の z_3/z_4 だけ回転します．ですから，速度伝達比は，

$$i = \frac{1}{\frac{z_1}{z_2}} \times \frac{1}{\frac{z_3}{z_4}} = \frac{z_2}{z_1} \times \frac{z_4}{z_3} = \frac{z_2 \times z_4}{z_1 \times z_3}$$

となります．このときの z_1 の歯車と z_4 の歯車の回転方向は同じです．

今は，2段減速でしたが，3段減速もあり，4段減速もつくろうとすればつくれるでしょう．このときの速度伝達比は，上の式にならって，大歯車の歯数をすべて掛け合わせた数を小歯車の歯数をすべて掛け合わせた数で割った数となります．また，最初の駆動歯車

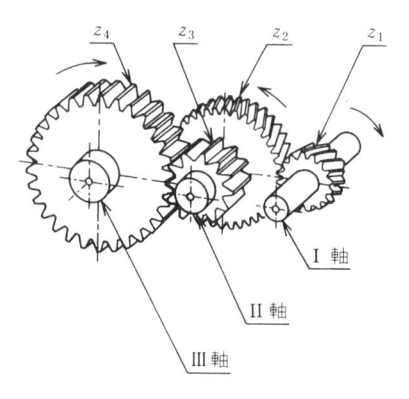

図6.5 2段減速

6. 歯車列　　　　　　　　　　　　　　43

と最後の被動歯車との回転方向は，奇数段のとき逆向き，偶数段のとき同じ向きに回転します．

　このように，回転を減らす歯車列を減速歯車列といい，それの速度伝達比を減速比といいます．

　減速歯車列は，図 6.6 の例のように，いろいろ考えられます．歯車が使われる機械によって最も適した歯車列を考えることが，大切なことです．

　また，[動力＝トルク×角速度] でしたし，[トルク＝力×腕の長さ] でしたから，回転の早い歯車の取り付いた軸よりも，回転の遅い歯車が取り付いた軸のほうが太いのが普通ですし，段数が増えるにつれて，歯の大きさを大きくしていくのが普通です．

（6）　増速歯車列と増速比

　増速歯車列は，(5) でお話した減速歯車列の逆を考えてください．つまり，大歯車のほうを駆動歯車，小歯車のほうを被動歯車と

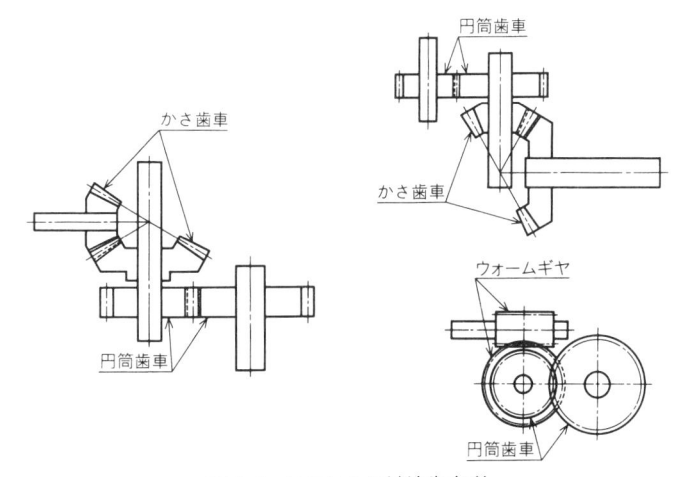

図 6.6　いろいろな減速歯車列

するのです．そして，そのときの速度伝達比を増速比といいます．増速比を（5）にならって求めてごらんなさい．1より小さな数になります．ただし，ウォームギヤは，自動締まりといって，ウォームからは回せますが，ウォームホイール側からは回転できないものが多いのです．

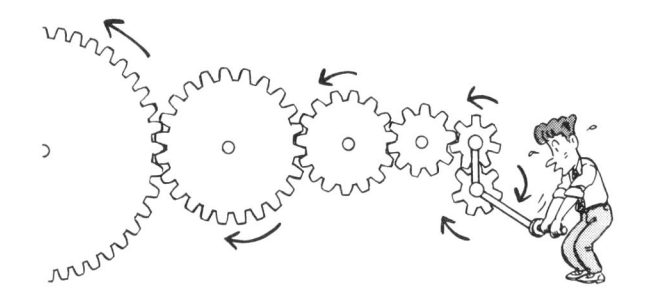

7．歯車を用いた装置のいろいろ

（1） 変速歯車装置

5章及び6章でお話した歯車対または歯車列を用いると，減速歯車装置または増速歯車装置をつくることができます．これらを変速歯車装置といいます．その例を図面で示しましょう．ただし，ウォームギヤを用いたものは，増速ができないものがあります．

図7.1は，一般に用いるはすば歯車対を用いた減速あるいは増速にも使える変速歯車装置です．

図7.2は，電気機関車などに用いられる釣り掛け式駆動装置といわれるもので，モータから車軸に動力を伝えるときは減速，モータで電気ブレーキをかけるときは動力は車軸からモータに伝わりますから増速となります．平歯車が使われます．

図7.3は，ウォームギヤを用いた減速機です．

これらの歯車は，軸に固定されて，軸受（滑り軸受または転がり軸受）で支えられて回転するようになっています．そして，軸受は，強くて変形がごく少ない歯車箱やモータ自身で支えられて，中心距離などそれぞれの歯車の関係位置が狂わないようにしてあります．

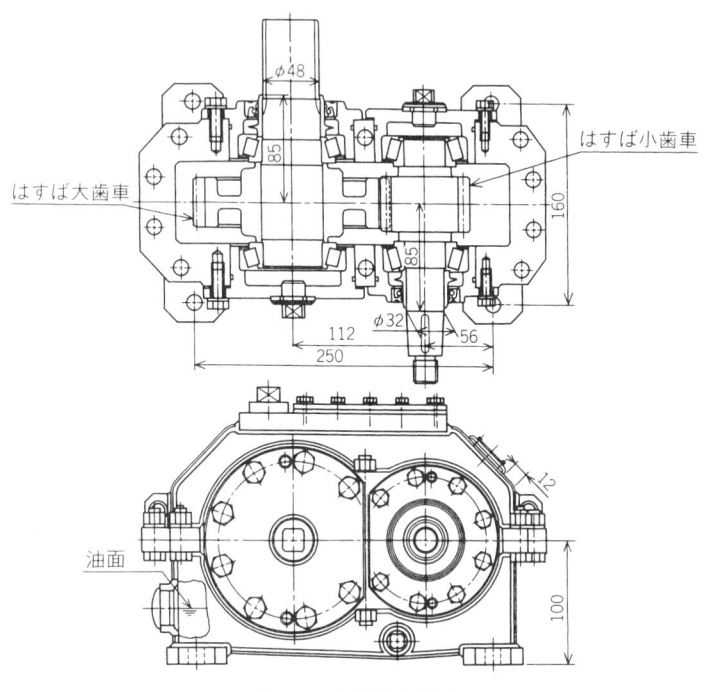

図 7.1 変速歯車装置

7. 歯車を用いた装置のいろいろ　　　　　47

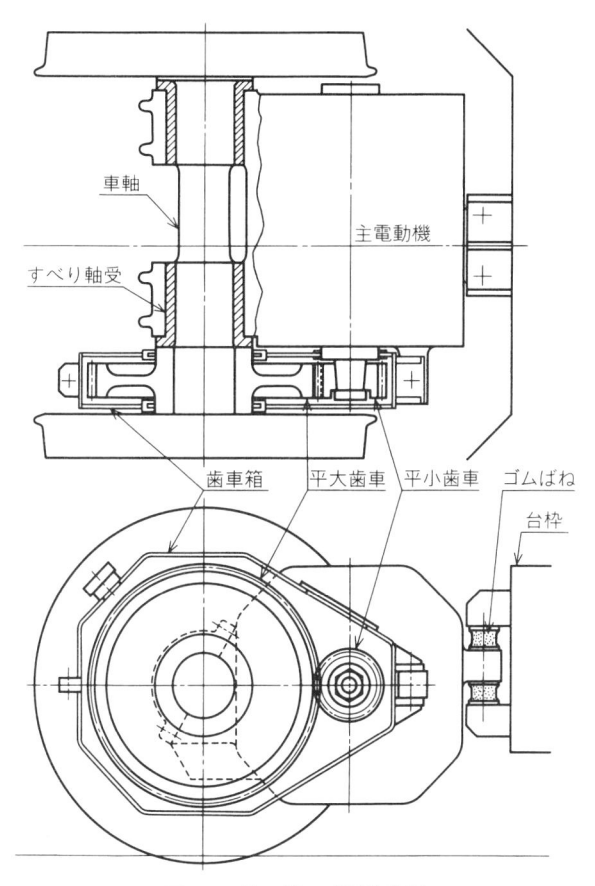

車軸
すべり軸受
主電動機
歯車箱　平大歯車　平小歯車　ゴムばね
台枠

図7.2　釣り掛け式駆動装置

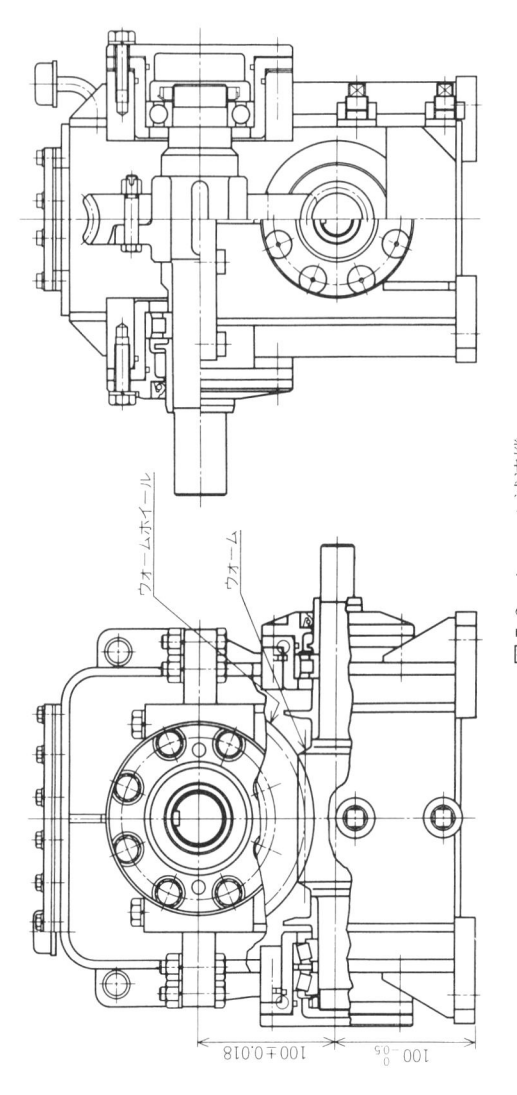

図 7.3 ウォーム減速機

（2） 遊星歯車装置

図7.4のようにいくつかの歯車を用いて，あたかも太陽の回りを自転しながら公転する遊星のような歯車をもつ歯車装置を遊星歯車装置といいます．

その例として図7.5では，2個の太陽歯車（一つは外歯車，他は内歯車），3個の遊星歯車，それに遊星枠（キャリヤ）という遊星

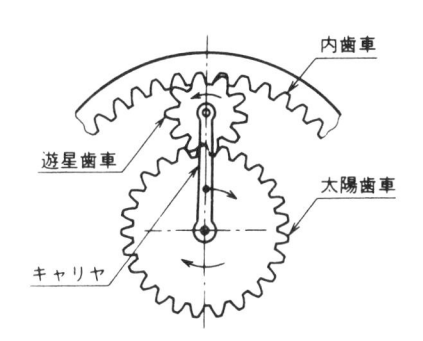

図7.4 遊星歯車装置[1]

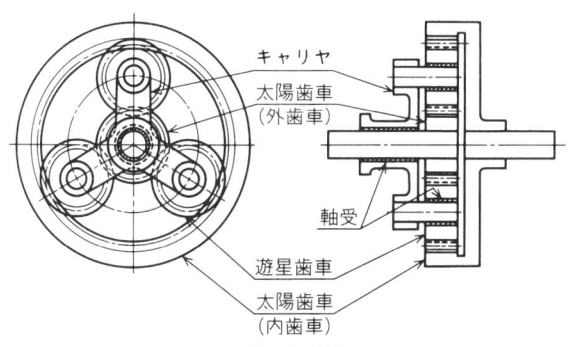

図7.5 遊星歯車装置の例

歯車を支える腕があります．このとき，外歯車の太陽歯車の軸，内歯車の太陽歯車の軸，それにキャリヤの軸の3本の軸が出ます．これらのうち1本を固定して他の2本を駆動軸と被動軸とします．どの軸を固定するか，駆動軸とするか，被動軸とするかによって，減速も増速にもでき，それぞれの歯車の歯数によって減速比，増速比が定まります．この計算のやり方は，少しややこしいのでここでは省略します．

図でわかるように，これら3本の軸は，同じ軸心にあります．普通の歯車対または歯車列では必ず中心距離があって，駆動軸と被動軸の軸心は距離が離れるのですが，遊星歯車装置を用いることによって同じ軸心とすることができます．

（3） 差動歯車装置

自動車が急カーブを切ります．カーブの外側の車輪は，内側の車輪に比べて長い距離を走らなければなりません．つまりある時間当たりの回転数を違えなければならないのです．このとき，図7.6のように，かさ歯車を用いて右と左の軸を逆方向に回るようにしておき，図の上下にある小さなかさ歯車を左右の軸のまわりに回してやれば，つまりこの装置全体を回してやれば，その目的を達すること

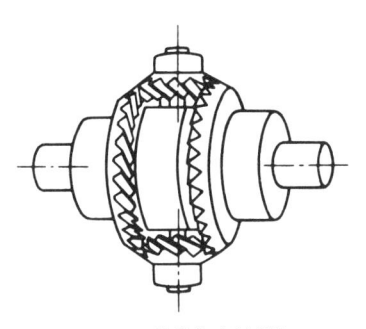

図7.6 差動歯車装置[2]

ができます．このような仕掛けを差動歯車装置といいます．

　ただし，これはよく見かけることですが，片方の車輪が泥などの摩擦係数のごく小さなところに落ち込んだとき，もう一方の車輪は普通の道路で摩擦係数が大きいですからがんばって回りません．泥の中の車輪はすべってしまい，全体を回そうとする回転数の倍の回転数で猛烈に回転します．しかし空転するだけですから自動車を前に進める力は生じないのです．このときは，泥と車輪の間に木の葉などをかみ込ませて摩擦係数を少し大きくしてやれば泥から這い出すことができることはご存じでしょう．

（4）　逆転装置

　電気で回るモータや油圧で回るモータは，配線や配管をつなぎかえることによって，逆回転させることができます（不可能なものもあります）．ところが，自動車のエンジンなど内燃機関やタービンは理論的にはできますが，現実にはすぐにはできません．

　ところが，自動車がバックできないと困りますし，ディーゼル機関車は上りも下りもそのままで列車を牽引したいし，大きな船が後進がかからないのでは困ります．

　そこで一方向の回転の原動機の回転を歯車の仕掛けで両方向の回転ができるようにする装置を逆転装置または逆転機といいます．

　平歯車かはすば歯車の対を考えてください．このとき二つの歯車の回転方向は互いに逆でしょう．そして，どちらかを駆動歯車とするように切り換えればよいのです．また，駆動歯車としてのかさ歯車の両側にそれにかみあう二つの被動歯車を置いたとき，この被動歯車は互いに逆方向に回ります．

　このように互いに逆方向に回る軸ができますから，これにクラッチという軸の回転をつないだり，切り離したりする仕掛けを付け加えて，一方の軸とつないだら，他方の軸とは切り離してしまうとい

うことを行って，出力軸に伝えれば，逆転装置ができあがります．

その例の概略図を図7.7，図7.8に示します．どちらもディーゼル機関車で使われているものです．

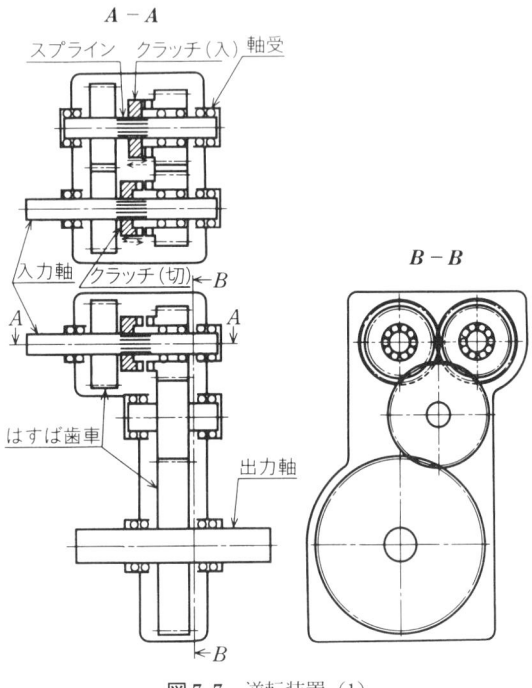

図 7.7 逆転装置（1）

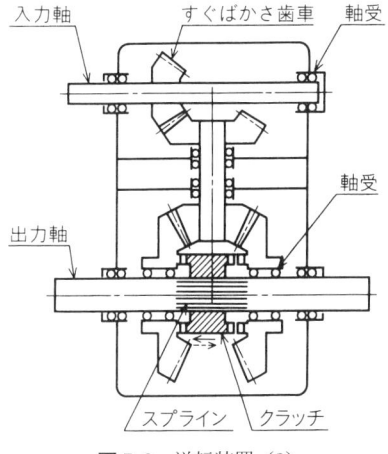

7. 歯車を用いた装置のいろいろ　　　　　53

図 7.8　逆転装置（2）

引 用 文 献

1)* JIS B 0102(1988)　歯車用語, p.31, 図 11108
2)　文献 1), p.32, 図 11311
　*は旧 JIS

8. 歯車はいつごろから使われていたのでしょうか

　歯車の始まりは，はっきりはわかっていません．丸いものの外側にギザギザをつけたものは，飾りやおしゃれのために紀元前2000年ころの大昔にあったといいますが，これは歯車とはいえませんね．二つの軸の間に回転を伝えるための歯車をつくることは，金属の鋳物（金属を溶かして型に流し込んで形をつくる方法）とやすりが発明されたことによるのが始めではないかといわれています．つまり，鋳物で金属の円板をつくり，その外側にやすりでこすって歯をつくって行ったのでしょう．やすりは，紀元前400年ころにはあったといいます．

　アリストテレス（紀元前384–322年）という人が書いた本には歯車のことが書かれているそうで，そのころにはすでに歯車があったのでしょう．アルキメデス（紀元前287–212年）という人は，ウォームギヤを用いた巻き上げ機について書いています．木を材料とした歯車もつくられていたでしょうね．

　ヨーロッパの中世の頃には，水車や風車による粉ひきや，油絞りの仕掛けに歯車が使われていました．それと，この頃から機械時計がつくられ始め，これに用いる歯車の技術が発達しました．このころの中国でも素晴らしい天文時計がつくられていたそうです．

　ルネサンスの時期の有名なレオナルド・ダ・ビンチ（1452–1518年）は，芸術と技術に多くの天才ぶりを発揮しましたが，彼が残した機械装置の設計にはありとあらゆる歯車仕掛けが見られるという

ことです．

　産業革命時代は，機械を含む技術全体の革命の時代でもありました．機械装置は大形となり，動力源も人，馬や牛の動物，水車や風車から蒸気機関に置き替えられていきます．そこに使われる歯車もそれに耐えるものになっていきました．一方では，機械時計が広く用いられるようになりましたから，各地に時計師といわれる職人さんたちが多く出て，それぞれ精密な歯車をつくる努力をしていたのでしょう．時計師たちの仕事は，時計にとどまらず，紡績機やオルゴールや自動人形などもつくりました．これらにはほとんど歯車が用いられていたでしょう．

　現在用いられている歯を切る工作機械の元の形がこのころできていきました．また，歯車の理論的な研究も始まり，歯の形がサイクロイド曲線やインボリュート曲線がよいこともわかってきたのです．

　わが国でも江戸時代には，穀物から粉を挽くこと，菜種などから油を絞ること，お米を白くする精米などに大きな水車がつくられ，その動力を伝えるために大形の木でできた歯車がつくられ，また，測量のための機器に用いるために，金属の歯車もつくられました．

　20世紀は，まさに機械の時代でした，その中で歯車の果たした役割はとても大きかったと思います．最近は，コンピュータを用いたエレクトロニクスが発達して，そちらに目が行きがちです．それはそれとして大切な技術ですが，歯車を含む機械技術があってこそ，それができたわけで，歯車の技術がなくなることはなく，まだまだ発達の余地を残していると思います．歯車にもやることがたくさんあるのです．

　とても長い時間と，数えきれないほどの研究者・技術者，それに職人さんたちがつちかった今の歯車を，次の時代に伝え，そしてさらに発展させたいものです．

9. 歯車の歯をかたちづくっている曲線

9.1 歯の曲線はこのようでなければなりません

歯車の歯を普通は，歯すじに直角に切った切り口方向から見たとき，歯の外側の曲線を歯形曲線といいます．歯形曲線は，相手の歯とかみあって回るときに次のようになっていなければなりません．

① 接触した対偶（歯と相手の歯）がはなればなれになったり，お互いに食い込んだりしないこと．

② かみあった二つの歯車の軸の中心を結んだ直線の上にかみあいの点があるときは，すべりが起こらないで，完全な転がり接触になること．

③ 一方の歯車が一定の回転数で回転をしているとき，それにかみあった他方の歯車も一定の回転数で回転し，かみあいの最中に速くなったり，遅くなったりしないこと．

このようなことができる曲線は，いくつかありますが，普通用いられる曲線を次節以下でお話しましょう．

9.2 サイクロイド曲線

図 9.1 のように，直線の上に円を接するようにおき，円を直線の上を滑らないように転がしたとき円周の一点が描く曲線を"普通サイクロイド"といいます．

図9.2のように，直線ではなく，ある円（基円といいます）の外側に接した円を転がして円周の一点が描く曲線を外転サイクロイドといい，基円の内側に接した円を転がして描いた曲線を内転サイクロイドといいます．

二つの基円の半径を歯車の中心距離を歯数比で分けたものとし，それの外側と内側に転がる円の直径を幾何学的理論によって定めた外転サイクロイドと内転サイクロイドを描いて，これらをつなげた

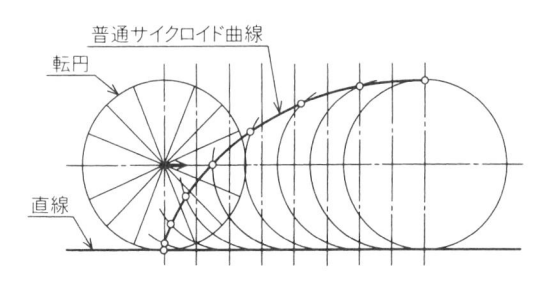

図9.1 普通サイクロイド

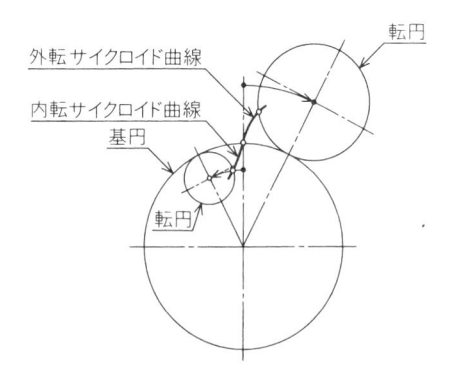

図9.2 外転サイクロイドと内転サイクロイド

曲線が，サイクロイド歯形となります．そして，この歯形曲線は，9.1 節でお話したかみあいの条件を満たすものになるのです．

サイクロイド歯形を用いた歯車は，主に時計に用いられてきました．ただし，中心距離を，とても正しくしてあげないと，かみあいの条件を満たさなくなるという，たいへん難しい歯形なのです．

昔の時計をつくる職人さんたちは，このサイクロイド歯形をやすり 1 本でつくりあげたのでしょう．長い経験と熟練を必要としたことでしょうね．

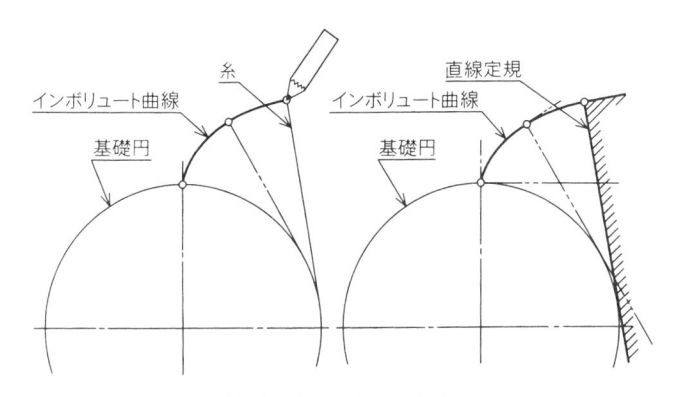

9.3　インボリュート曲線とインボリュート関数表

前節では，サイクロイド歯形が中心距離を正確にしなければならないなど難しい歯形であることをお話しました．

それで，わずかの中心距離のくるいを許しても，かみあいの条件が保たれる歯形曲線がないかと研究されました．その結果，インボリュートという曲線を用いればよいことがわかったのです．

図 9.3　インボリュート曲線

インボリュート曲線は，図9.3のように，円筒に糸を巻き付けておき，糸の先に鉛筆を結わえて糸をゆるまないようにしながら巻き戻して行って，そこに描かれた曲線をいいます．また，円に直線定規を接して，滑らないように円の上を転がしたとき，定規の先端が描く曲線でもあります．このことは，基円に無限に大きな直径の円を転がしてできた，外転サイクロイドであるともいえます．なお，このときの基となった円を，インボリュート曲線の基礎円といい，中心距離を歯数比で分けた半径とは違い，それより小さな半径となります．

このインボリュート曲線の一部を用いた歯形をインボリュート歯形といいます．そして，インボリュート歯形は，いろいろと便利なことがあるものですから，現在の歯車は，ほとんどがこの歯形が用いられています．

さて，図9.4を見てください．これは，基礎円の半径をr_bとしたときのインボリュート曲線を描いたものです．基礎円の中心をO，曲線の始まりの点をA，巻き戻した糸の先をP点，角AOPをβ（ベータ），点Pで曲線と接する接線とOPとの角をα（アルファ）

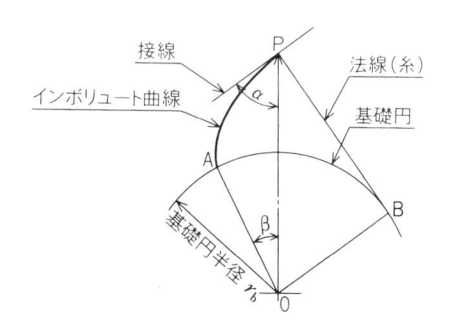

図9.4 インボリュート関数

9. 歯車の歯をかたちづくっている曲線

とします．なお，点Pから基礎円に接する線（糸の線）BPを曲線の法線といい，曲線の接線とは直角に交わります．さて，糸を巻き戻して行って，P点が移動するとβとαも変わります．このβとαとの変わり具合を関係付けて式に表すと，

$$\beta = \tan\alpha - \alpha$$

となります．ただし，このときのαは，ラジアン（角度を弧度法*で表したもので，数学で習っていますね，もし習っていなかったら脚注を参照してください）で表したものです．そして，

$$\beta = \text{inv}\,\alpha \text{（インボリュート・アルファと読みます）}$$

とすると，

$$\text{inv}\,\alpha = \tan\alpha - \alpha$$

となり，αが変わるにつれて，$\text{inv}\,\alpha$も変わる，つまり関数の関係になります．ですから，この関数をインボリュート関数といいます．

ここで，例題として$\alpha = 20°$のときの$\text{inv}\,\alpha$を求めてみましょう．

$$\begin{aligned}\text{inv}\,20° &= \tan 20° - [20° \times (\pi/180°)] \\ &= 0.363\,970\,24 - 0.349\,065\,85 \\ &= 0.014\,904\,39\end{aligned}$$

となりますね．このように，αから$\text{inv}\,\alpha$を求めることは，三角関数が使える卓上計算機などで簡単に求めることができます．

---

* 弧度法：図のように，半径rの円に角θをとります．そのときにできた円弧の長さABを半径rで割った値で角の大きさを表すもので，ラジアン（記号rad）を付けます．角度が$360°$のとき，円周の長さは，$2\pi r$ですから，角度$\theta°$のときの円弧の長さは，$AB = (\theta° \times 2\pi r)/360° = (\theta° \times \pi \times r)/180°$となり，弧度法は，それを半径$r$で割ったものですから，$\theta(\text{rad}) = \theta° \times (\pi/180°)$となります．ですから，$45° = \pi/4(\text{rad})$，$90° = \pi/2(\text{rad})$，$180° = \pi(\text{rad})$，$360° = 2\pi(\text{rad})$となります．

弧 度 法

ところが，inv α から α を求める（このときを逆関数といいます）には，困りますね．これは，歯車の歯に関するいろいろな寸法などを求めるときに必要なのです．そこで，インボリュート関数表がつくられています．この表は，α に対する inv α の数が並んでいますから，これから逆に α を求めようというわけです．インボリュート関数表の一部を表 9.1(64〜67 ページ)に示します．

それでは，インボリュートの逆関数を求める例題をやってみましょう． inv α＝0.019 469 63 のときの α を求めます．このときのことを，$α=\text{inv}^{-1} 0.019\,469\,63$ と書きます．

インボリュート関数表から，上の数をはさむ二つの数をとります．
  inv 21.79°＝0.019 461 78
  inv 21.80°＝0.019 489 69
ここで，角度を縦軸に，関数を横軸にとった図 9.5 を描いてみます．この図の y の値を 21.79°に加えれば，求める角度が得られますね．二つの角度の違いは，
  21.80°－21.79°＝0.01°
です．また，関数の数の違いは，
  0.019 489 69－0.019 461 78＝0.000 027 91

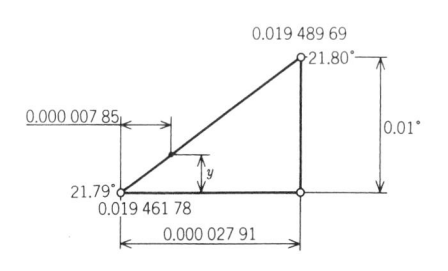

図 9.5 補 間 法

ですから，図 9.5 に角度の違いを縦軸に，関数の数の違いを横軸にとって，それらを直線の斜めの線で結びます．それから，求めようとする角度の関数の数から 21.79° の関数の数を引いた，

$$0.019\,469\,63 - 0.019\,461\,78 = 0.000\,007\,85$$

を横軸にとって，斜めの直線と交わる点を求め，その点から縦方向に y をとります．y は，斜めの直線の上にありますから，比例の関係にありますね．ですから，

$$y = (0.01 \times 0.000\,007\,85)/0.000\,027\,91$$
$$= 0.002\,812\,611$$

となり，α は，

$$\alpha = 21.79° + 0.002\,812\,611° = 21.792\,812\,61°$$

と求まりました．

このように，ある数と別な数の間を求めることを，補間するといい，その方法を補間法といいます．上の方法は，二つの数の関係を直線で結び，その比例の関係（一次関数）を用いて，その間の数を求めました．もっと正確にやるには，インボリュート曲線またはそれによく似た曲線を使えばよいのですが，大変面倒ですし，このくらいの小数点以下のけたのときは，歯車の計算では十分なのです．補間しないよりは，精度がよいのです．

表 9.1 インボリュート関数表[1)]

	16°	17°	18°	19°	20°	21°	
00	0.007 492 71	0.009 024 71	0.010 760 43	0.012 715 06	0.014 904 38	0.017 344 89	00
01	0.007 507 07	0.009 041 03	0.010 778 87	0.012 735 76	0.014 927 52	0.017 370 62	01
02	0.007 521 44	0.009 057 38	0.010 797 33	0.012 756 49	0.014 950 68	0.017 396 38	02
03	0.007 535 84	0.009 073 74	0.010 815 81	0.012 777 24	0.014 973 86	0.017 422 17	03
04	0.007 550 26	0.009 090 13	0.010 834 31	0.012 798 01	0.014 997 07	0.017 447 98	04
05	0.007 564 70	0.009 106 53	0.010 852 83	0.012 818 81	0.015 020 30	0.017 473 82	05
06	0.007 579 15	0.009 122 96	0.010 871 38	0.012 839 64	0.015 043 56	0.017 499 68	06
07	0.007 593 62	0.009 139 41	0.010 889 95	0.012 860 48	0.015 066 85	0.017 525 57	07
08	0.007 608 12	0.009 155 87	0.010 908 54	0.012 881 35	0.015 090 16	0.017 551 49	08
09	0.007 622 63	0.009 172 36	0.010 927 15	0.012 902 24	0.015 113 49	0.017 577 44	09
10	0.007 637 16	0.009 188 87	0.010 945 79	0.012 923 16	0.015 136 85	0.017 603 41	10
11	0.007 651 71	0.009 205 40	0.010 964 44	0.012 944 10	0.015 160 24	0.017 629 41	11
12	0.007 666 28	0.009 221 95	0.010 983 12	0.012 965 06	0.015 183 65	0.017 655 44	12
13	0.007 680 87	0.009 238 51	0.011 001 82	0.012 986 05	0.015 207 09	0.017 681 50	13
14	0.007 695 47	0.009 255 10	0.011 020 55	0.013 007 06	0.015 230 55	0.017 707 58	14
15	0.007 710 10	0.009 271 72	0.011 039 29	0.013 028 10	0.015 254 04	0.017 733 69	15
16	0.007 724 74	0.009 288 35	0.011 058 06	0.013 049 16	0.015 277 55	0.017 759 82	16
17	0.007 739 41	0.009 305 00	0.011 076 85	0.013 070 24	0.015 301 09	0.017 785 98	17
18	0.007 754 09	0.009 321 67	0.011 095 66	0.013 091 34	0.015 324 65	0.017 812 17	18
19	0.007 768 80	0.009 338 36	0.011 114 49	0.013 112 47	0.015 348 24	0.017 838 39	19
20	0.007 783 52	0.009 355 08	0.011 133 35	0.013 133 63	0.015 371 85	0.017 864 64	20
21	0.007 798 26	0.009 371 81	0.011 152 23	0.013 154 80	0.015 395 49	0.017 890 91	21
22	0.007 813 02	0.009 388 57	0.011 171 13	0.013 176 01	0.015 419 16	0.017 917 21	22
23	0.007 827 80	0.009 405 34	0.011 190 05	0.013 197 23	0.015 442 85	0.017 943 53	23
24	0.007 842 60	0.009 422 14	0.011 208 99	0.013 218 48	0.015 466 56	0.017 969 89	24
25	0.007 857 42	0.009 438 96	0.011 227 96	0.013 239 75	0.015 490 30	0.017 996 27	25
26	0.007 872 25	0.009 455 80	0.011 246 95	0.013 261 05	0.015 514 07	0.018 022 67	26
27	0.007 887 11	0.009 472 65	0.011 265 96	0.013 282 37	0.015 537 86	0.018 049 11	27
28	0.007 901 99	0.009 489 53	0.011 284 99	0.013 303 71	0.015 561 68	0.018 075 57	28
29	0.007 916 88	0.009 506 43	0.011 304 05	0.013 325 08	0.015 585 52	0.018 102 06	29
30	0.007 931 80	0.009 523 36	0.011 323 13	0.013 346 47	0.015 609 39	0.018 128 58	30
31	0.007 946 73	0.009 540 30	0.011 342 23	0.013 367 89	0.015 633 29	0.018 155 12	31
32	0.007 961 68	0.009 557 26	0.011 361 35	0.013 389 33	0.015 657 21	0.018 181 69	32
33	0.007 976 66	0.009 574 24	0.011 380 50	0.013 410 79	0.015 681 16	0.018 208 29	33
34	0.007 991 65	0.009 591 25	0.011 399 66	0.013 432 28	0.015 705 13	0.018 234 92	34
35	0.008 006 66	0.009 608 27	0.011 418 85	0.013 453 79	0.015 729 13	0.018 261 57	35
36	0.008 021 69	0.009 625 32	0.011 438 07	0.013 475 33	0.015 753 15	0.018 288 25	36
37	0.008 036 74	0.009 642 39	0.011 457 30	0.013 496 89	0.015 777 20	0.018 314 96	37
38	0.008 051 81	0.009 659 48	0.011 476 56	0.013 518 47	0.015 801 27	0.018 341 70	38
39	0.008 066 90	0.009 676 58	0.011 495 84	0.013 540 08	0.015 825 37	0.018 368 46	39
40	0.008 082 01	0.009 693 71	0.011 515 14	0.013 561 72	0.015 849 50	0.018 395 25	40
41	0.008 097 14	0.009 710 87	0.011 534 47	0.013 583 37	0.015 873 65	0.018 422 07	41
42	0.008 112 28	0.009 728 04	0.011 553 81	0.013 605 05	0.015 897 83	0.018 448 92	42
43	0.008 127 45	0.009 745 23	0.011 573 18	0.013 626 76	0.015 922 03	0.018 475 79	43
44	0.008 142 64	0.009 762 44	0.011 592 58	0.013 648 49	0.015 946 26	0.018 502 70	44
45	0.008 157 84	0.009 779 68	0.011 611 99	0.013 670 24	0.015 970 52	0.018 529 63	45
46	0.008 173 07	0.009 796 93	0.011 631 43	0.013 692 02	0.015 994 80	0.018 556 58	46
47	0.008 188 31	0.009 814 21	0.011 650 89	0.013 713 82	0.016 019 11	0.018 583 57	47
48	0.008 203 58	0.009 831 51	0.011 670 37	0.013 735 64	0.016 043 44	0.018 610 58	48
49	0.008 218 86	0.009 848 83	0.011 689 88	0.013 757 49	0.016 067 80	0.018 637 62	49
50	0.008 234 17	0.009 866 17	0.011 709 41	0.013 779 37	0.016 092 18	0.018 664 69	50
	16.5°	17.5°	18.5°	19.5°	20.5°	21.5°	

9. 歯車の歯をかたちづくっている曲線

表 9.1 （続き）

	16.5°	17.5°	18.5°	19.5°	20.5°	21.5°	
50	0.008 234 17	0.009 866 17	0.011 709 41	0.013 779 37	0.016 092 18	0.018 664 69	50
51	0.008 249 49	0.009 883 53	0.011 728 96	0.013 801 27	0.016 116 59	0.018 691 78	51
52	0.008 264 84	0.009 900 91	0.011 748 53	0.013 823 19	0.016 141 03	0.018 718 90	52
53	0.008 280 20	0.009 918 32	0.011 768 13	0.013 845 14	0.016 165 49	0.018 746 06	53
54	0.008 295 58	0.009 935 74	0.011 787 75	0.013 867 11	0.016 189 98	0.018 773 23	54
55	0.008 310 98	0.009 953 19	0.011 807 39	0.013 889 10	0.016 214 50	0.018 800 44	55
56	0.008 326 41	0.009 970 66	0.011 827 05	0.013 911 12	0.016 239 04	0.018 827 67	56
57	0.008 341 85	0.009 988 14	0.011 846 74	0.013 933 17	0.016 263 61	0.018 854 94	57
58	0.008 357 31	0.010 005 65	0.011 866 45	0.013 955 24	0.016 288 20	0.018 882 23	58
59	0.008 372 79	0.010 023 19	0.011 886 18	0.013 977 33	0.016 312 82	0.018 909 54	59
60	0.008 388 29	0.010 040 74	0.011 905 94	0.013 999 45	0.016 337 46	0.018 936 89	60
61	0.008 403 81	0.010 058 31	0.011 925 72	0.014 021 59	0.016 362 13	0.018 964 26	61
62	0.008 419 35	0.010 075 91	0.011 945 52	0.014 043 76	0.016 386 83	0.018 991 67	62
63	0.008 434 91	0.010 093 52	0.011 965 34	0.014 065 95	0.016 411 56	0.019 019 09	63
64	0.008 450 49	0.010 111 16	0.011 985 19	0.014 088 17	0.016 436 31	0.019 046 55	64
65	0.008 466 09	0.010 128 82	0.012 005 06	0.014 110 41	0.016 461 08	0.019 074 04	65
66	0.008 481 71	0.010 146 50	0.012 024 95	0.014 132 67	0.016 485 88	0.019 101 55	66
67	0.008 497 35	0.010 164 20	0.012 044 87	0.014 154 96	0.016 510 71	0.019 129 09	67
68	0.008 513 01	0.010 181 92	0.012 064 81	0.014 177 27	0.016 535 57	0.019 156 66	68
69	0.008 528 69	0.010 199 67	0.012 084 77	0.014 199 61	0.016 560 45	0.019 184 26	69
70	0.008 544 39	0.010 217 43	0.012 104 76	0.014 221 97	0.016 585 36	0.019 211 88	70
71	0.008 560 11	0.010 235 22	0.012 124 76	0.014 244 36	0.016 610 29	0.019 239 54	71
72	0.008 575 85	0.010 253 03	0.012 144 79	0.014 266 77	0.016 635 25	0.019 267 22	72
73	0.008 591 61	0.010 270 86	0.012 164 85	0.014 289 21	0.016 660 24	0.019 294 93	73
74	0.008 607 39	0.010 288 71	0.012 184 92	0.014 311 67	0.016 685 25	0.019 322 67	74
75	0.008 623 19	0.010 306 58	0.012 205 02	0.014 334 16	0.016 710 29	0.019 350 43	75
76	0.008 639 01	0.010 324 48	0.012 225 15	0.014 356 67	0.016 735 35	0.019 378 23	76
77	0.008 654 85	0.010 342 39	0.012 245 29	0.014 379 21	0.016 760 45	0.019 406 05	77
78	0.008 670 71	0.010 360 33	0.012 265 46	0.014 401 77	0.016 785 56	0.019 433 90	78
79	0.008 686 59	0.010 378 29	0.012 285 65	0.014 424 35	0.016 810 71	0.019 461 78	79
80	0.008 702 49	0.010 396 27	0.012 305 87	0.014 446 96	0.016 835 88	0.019 489 69	80
81	0.008 718 41	0.010 414 27	0.012 326 11	0.014 469 60	0.016 861 08	0.019 517 62	81
82	0.008 734 35	0.010 432 29	0.012 346 37	0.014 492 26	0.016 886 30	0.019 545 59	82
83	0.008 750 30	0.010 450 34	0.012 366 65	0.014 514 94	0.016 911 55	0.019 573 58	83
84	0.008 766 28	0.010 468 41	0.012 386 96	0.014 537 65	0.016 936 83	0.019 601 60	84
85	0.008 782 28	0.010 486 50	0.012 407 29	0.014 560 38	0.016 962 14	0.019 629 65	85
86	0.008 798 30	0.010 504 61	0.012 427 65	0.014 583 14	0.016 987 47	0.019 657 72	86
87	0.008 814 34	0.010 522 74	0.012 448 02	0.014 605 92	0.017 012 82	0.019 685 83	87
88	0.008 830 41	0.010 540 89	0.012 468 43	0.014 628 73	0.017 038 21	0.019 713 96	88
89	0.008 846 49	0.010 559 07	0.012 488 85	0.014 651 57	0.017 063 62	0.019 742 13	89
90	0.008 862 59	0.010 577 26	0.012 509 30	0.014 674 43	0.017 089 05	0.019 770 32	90
91	0.008 878 71	0.010 595 48	0.012 529 77	0.014 697 31	0.017 114 52	0.019 798 54	91
92	0.008 894 85	0.010 613 72	0.012 550 26	0.014 720 22	0.017 140 01	0.019 826 78	92
93	0.008 911 01	0.010 631 98	0.012 570 78	0.014 743 15	0.017 165 52	0.019 855 06	93
94	0.008 927 19	0.010 650 27	0.012 591 32	0.014 766 11	0.017 191 07	0.019 883 36	94
95	0.008 943 39	0.010 668 57	0.012 611 88	0.014 789 09	0.017 216 64	0.019 911 70	95
96	0.008 959 62	0.010 686 90	0.012 632 47	0.014 812 10	0.017 242 24	0.019 940 06	96
97	0.008 975 86	0.010 705 25	0.012 653 08	0.014 835 13	0.017 267 86	0.019 968 45	97
98	0.008 992 12	0.010 723 62	0.012 673 72	0.014 858 19	0.017 293 51	0.019 996 87	98
99	0.009 008 40	0.010 742 02	0.012 694 37	0.014 881 28	0.017 319 19	0.020 025 31	99
100	0.009 024 71	0.010 760 43	0.012 715 06	0.014 904 38	0.017 344 89	0.020 053 79	100
	17°	18°	19°	20°	21°	22°	

表 9.1 （続き）

	22°	23°	24°	25°	26°	27°	
00	0.020 053 79	0.023 049 09	0.026 349 66	0.029 975 35	0.033 946 98	0.038 286 55	00
01	0.020 082 29	0.023 080 55	0.026 384 28	0.030 013 31	0.033 988 52	0.038 331 88	01
02	0.020 110 83	0.023 112 04	0.026 418 92	0.030 051 32	0.034 030 09	0.038 377 25	02
03	0.020 139 39	0.023 143 57	0.026 453 60	0.030 089 35	0.034 071 70	0.038 422 66	03
04	0.020 167 98	0.023 175 12	0.026 488 31	0.030 127 43	0.034 113 35	0.038 468 11	04
05	0.020 196 60	0.023 206 71	0.026 523 06	0.030 165 53	0.034 155 04	0.038 513 60	05
06	0.020 225 25	0.023 238 32	0.026 557 84	0.030 203 67	0.034 196 76	0.038 559 13	06
07	0.020 253 92	0.023 269 97	0.026 592 64	0.030 241 85	0.034 238 51	0.038 604 69	07
08	0.020 282 63	0.023 301 64	0.026 627 49	0.030 280 06	0.034 280 31	0.038 650 30	08
09	0.020 311 36	0.023 333 35	0.026 662 36	0.030 318 31	0.034 322 14	0.038 695 94	09
10	0.020 340 13	0.023 365 09	0.026 697 27	0.030 356 59	0.034 364 01	0.038 741 63	10
11	0.020 368 92	0.023 396 86	0.026 732 21	0.030 394 90	0.034 405 92	0.038 787 35	11
12	0.020 397 74	0.023 428 66	0.026 767 18	0.030 433 25	0.034 447 86	0.038 833 11	12
13	0.020 426 59	0.023 460 49	0.026 802 19	0.030 471 64	0.034 489 84	0.038 878 91	13
14	0.020 455 47	0.023 492 35	0.026 837 22	0.030 510 06	0.034 531 86	0.038 924 76	14
15	0.020 484 38	0.023 524 24	0.026 872 29	0.030 548 51	0.034 573 91	0.038 970 64	15
16	0.020 513 31	0.023 556 16	0.026 907 40	0.030 587 00	0.034 616 00	0.039 016 56	16
17	0.020 542 28	0.023 588 12	0.026 942 53	0.030 625 53	0.034 658 13	0.039 062 52	17
18	0.020 571 27	0.023 620 10	0.026 977 70	0.030 664 09	0.034 700 30	0.039 108 52	18
19	0.020 600 29	0.023 652 12	0.027 012 91	0.030 702 68	0.034 742 50	0.039 154 56	19
20	0.020 629 35	0.023 684 16	0.027 048 14	0.030 741 31	0.034 784 74	0.039 200 63	20
21	0.020 658 43	0.023 716 24	0.027 083 41	0.030 779 97	0.034 827 02	0.039 246 75	21
22	0.020 687 54	0.023 748 35	0.027 118 71	0.030 818 67	0.034 869 33	0.039 292 91	22
23	0.020 716 68	0.023 780 48	0.027 154 04	0.030 857 41	0.034 911 68	0.039 339 11	23
24	0.020 745 85	0.023 812 65	0.027 189 41	0.030 896 18	0.034 954 07	0.039 385 35	24
25	0.020 775 04	0.023 844 85	0.027 224 81	0.030 934 98	0.034 996 50	0.039 431 62	25
26	0.020 804 27	0.023 877 09	0.027 260 24	0.030 973 82	0.035 038 96	0.039 477 94	26
27	0.020 833 52	0.023 909 35	0.027 295 71	0.031 012 70	0.035 081 46	0.039 524 29	27
28	0.020 862 81	0.023 941 64	0.027 331 21	0.031 051 61	0.035 124 00	0.039 570 69	28
29	0.020 892 12	0.023 973 97	0.027 366 74	0.031 090 55	0.035 166 58	0.039 617 13	29
30	0.020 921 47	0.024 006 32	0.027 402 30	0.031 129 53	0.035 209 19	0.039 663 60	30
31	0.020 950 84	0.024 038 71	0.027 437 90	0.031 168 55	0.035 251 84	0.039 710 12	31
32	0.020 980 24	0.024 071 13	0.027 473 53	0.031 207 60	0.035 294 53	0.039 756 67	32
33	0.021 009 67	0.024 103 58	0.027 509 20	0.031 246 69	0.035 337 26	0.039 803 27	33
34	0.021 039 13	0.024 136 06	0.027 544 90	0.031 285 81	0.035 380 02	0.039 849 90	34
35	0.021 068 62	0.024 168 57	0.027 580 63	0.031 324 97	0.035 422 82	0.039 896 58	35
36	0.021 098 14	0.024 201 11	0.027 616 39	0.031 364 16	0.035 465 66	0.039 943 29	36
37	0.021 127 69	0.024 233 69	0.027 652 19	0.031 403 39	0.035 508 53	0.039 990 05	37
38	0.021 157 26	0.024 266 29	0.027 688 02	0.031 442 65	0.035 551 45	0.040 036 84	38
39	0.021 186 87	0.024 298 93	0.027 723 88	0.031 481 95	0.035 594 40	0.040 083 68	39
40	0.021 216 50	0.024 331 60	0.027 759 78	0.031 521 28	0.035 637 39	0.040 130 55	40
41	0.021 246 17	0.024 364 30	0.027 795 71	0.031 560 65	0.035 680 42	0.040 177 47	41
42	0.021 275 86	0.024 397 03	0.027 831 68	0.031 600 06	0.035 723 48	0.040 224 42	42
43	0.021 305 59	0.024 429 79	0.027 867 67	0.031 639 50	0.035 766 58	0.040 271 42	43
44	0.021 335 34	0.024 462 58	0.027 903 70	0.031 678 97	0.035 809 72	0.040 318 45	44
45	0.021 365 12	0.024 495 41	0.027 939 77	0.031 718 48	0.035 852 90	0.040 365 53	45
46	0.021 394 94	0.024 528 26	0.027 975 86	0.031 758 03	0.035 896 12	0.040 412 64	46
47	0.021 424 78	0.024 561 15	0.028 012 00	0.031 797 61	0.035 939 37	0.040 459 80	47
48	0.021 454 65	0.024 594 07	0.028 048 16	0.031 837 23	0.035 982 66	0.040 506 99	48
49	0.021 484 55	0.024 627 02	0.028 084 36	0.031 876 88	0.036 025 99	0.040 554 23	49
50	0.021 514 48	0.024 660 00	0.028 120 59	0.031 916 57	0.036 069 36	0.040 601 51	50
	22.5°	23.5°	24.5°	25.5°	26.5°	27.5°	

9. 歯車の歯をかたちづくっている曲線

表 9.1 （続き）

	22.5°	23.5°	24.5°	25.5°	26.5°	27.5°	
50	0.021 514 48	0.024 660 00	0.028 120 59	0.031 916 57	0.036 069 36	0.040 601 51	50
51	0.021 544 44	0.024 693 01	0.028 156 85	0.031 956 30	0.036 112 76	0.040 648 82	51
52	0.021 574 43	0.024 726 06	0.028 193 15	0.031 996 06	0.036 156 20	0.040 696 18	52
53	0.021 604 45	0.024 759 14	0.028 229 48	0.032 035 86	0.036 199 69	0.040 743 58	53
54	0.021 634 50	0.024 792 24	0.028 265 85	0.032 075 69	0.036 243 20	0.040 791 02	54
55	0.021 664 58	0.024 825 38	0.028 302 25	0.032 115 56	0.036 286 76	0.040 838 49	55
56	0.021 694 68	0.024 858 55	0.028 338 68	0.032 155 46	0.036 330 36	0.040 886 01	56
57	0.021 724 82	0.024 891 76	0.028 375 15	0.032 195 40	0.036 373 99	0.040 933 57	57
58	0.021 754 99	0.024 924 99	0.028 411 65	0.032 235 37	0.036 417 66	0.040 981 17	58
59	0.021 785 19	0.024 958 26	0.028 448 18	0.032 275 39	0.036 461 37	0.041 028 81	59
60	0.021 815 41	0.024 991 55	0.028 484 75	0.032 315 43	0.036 505 12	0.041 076 49	60
61	0.021 845 67	0.025 024 88	0.028 521 35	0.032 355 52	0.036 548 90	0.041 124 21	61
62	0.021 875 96	0.025 058 24	0.028 557 99	0.032 395 63	0.036 592 73	0.041 171 98	62
63	0.021 906 27	0.025 091 64	0.028 594 66	0.032 435 79	0.036 636 59	0.041 219 78	63
64	0.021 936 62	0.025 125 06	0.028 631 36	0.032 475 98	0.036 680 49	0.041 267 62	64
65	0.021 966 99	0.025 158 52	0.028 668 09	0.032 516 21	0.036 724 43	0.041 315 51	65
66	0.021 997 40	0.025 192 01	0.028 704 86	0.032 556 47	0.036 768 40	0.041 363 43	66
67	0.022 027 84	0.025 225 53	0.028 741 67	0.032 596 77	0.036 812 42	0.041 411 39	67
68	0.022 058 30	0.025 259 08	0.028 778 51	0.032 637 10	0.036 856 47	0.041 459 40	68
69	0.022 088 80	0.025 292 66	0.028 815 38	0.032 677 47	0.036 900 56	0.041 507 45	69
70	0.022 119 32	0.025 326 28	0.028 852 29	0.032 717 88	0.036 944 69	0.041 555 53	70
71	0.022 149 88	0.025 359 92	0.028 889 23	0.032 758 32	0.036 988 86	0.041 603 66	71
72	0.022 180 46	0.025 393 60	0.028 926 20	0.032 798 80	0.037 033 07	0.041 651 83	72
73	0.022 211 08	0.025 427 32	0.028 963 21	0.032 839 32	0.037 077 31	0.041 700 04	73
74	0.022 241 72	0.025 461 06	0.029 000 25	0.032 879 87	0.037 121 60	0.041 748 29	74
75	0.022 272 40	0.025 494 83	0.029 037 32	0.032 920 46	0.037 165 92	0.041 796 58	75
76	0.022 303 10	0.025 528 64	0.029 074 43	0.032 961 08	0.037 210 28	0.041 844 92	76
77	0.022 333 84	0.025 562 48	0.029 111 58	0.033 001 74	0.037 254 68	0.041 893 29	77
78	0.022 364 60	0.025 596 35	0.029 148 76	0.033 042 44	0.037 299 12	0.041 941 70	78
79	0.022 395 40	0.025 630 25	0.029 185 97	0.033 083 17	0.037 343 59	0.041 990 16	79
80	0.022 426 22	0.025 664 19	0.029 223 22	0.033 123 94	0.037 388 11	0.042 033 66	80
81	0.022 457 08	0.025 698 16	0.029 260 50	0.033 164 75	0.037 432 66	0.042 087 19	81
82	0.022 487 97	0.025 732 16	0.029 297 81	0.033 205 59	0.037 477 25	0.042 135 77	82
83	0.022 518 88	0.025 766 19	0.029 335 16	0.033 246 47	0.037 521 89	0.042 184 39	83
84	0.022 549 83	0.025 800 25	0.029 372 54	0.033 287 38	0.037 566 56	0.042 233 05	84
85	0.022 580 80	0.025 834 35	0.029 409 96	0.033 328 33	0.037 611 26	0.042 281 76	85
86	0.022 611 81	0.025 868 48	0.029 447 41	0.033 369 32	0.037 656 01	0.042 330 50	86
87	0.022 642 85	0.025 902 64	0.029 484 90	0.033 410 34	0.037 700 80	0.042 379 28	87
88	0.022 673 91	0.025 936 83	0.029 522 42	0.033 451 40	0.037 745 62	0.042 428 11	88
89	0.022 705 01	0.025 971 06	0.029 559 97	0.033 492 50	0.037 790 48	0.042 476 98	89
90	0.022 736 14	0.026 005 31	0.029 597 56	0.033 533 63	0.037 835 39	0.042 525 88	90
91	0.022 767 30	0.026 039 60	0.029 635 18	0.033 574 80	0.037 880 33	0.042 574 83	91
92	0.022 798 49	0.026 073 92	0.029 672 84	0.033 616 01	0.037 925 31	0.042 623 82	92
93	0.022 829 70	0.026 108 28	0.029 710 53	0.033 657 25	0.037 970 33	0.042 672 86	93
94	0.022 860 95	0.026 142 66	0.029 748 26	0.033 698 53	0.038 015 38	0.042 721 93	94
95	0.022 892 23	0.026 177 08	0.029 786 02	0.033 739 85	0.038 060 48	0.042 771 04	95
96	0.022 923 54	0.026 211 53	0.029 823 82	0.033 781 20	0.038 105 62	0.042 820 20	96
97	0.022 954 88	0.026 246 02	0.029 861 65	0.033 822 59	0.038 150 79	0.042 869 40	97
98	0.022 986 25	0.026 280 53	0.029 899 51	0.033 864 02	0.038 196 01	0.042 918 64	98
99	0.023 017 66	0.026 315 08	0.029 937 41	0.033 905 48	0.038 241 26	0.042 967 92	99
100	0.023 049 09	0.026 349 66	0.029 975 35	0.033 946 98	0.038 286 55	0.043 017 24	100
	23°	24°	25°	26°	27°	28°	

さて，前に，インボリュート曲線は，無限に大きな直径の円を転がした，外転サイクロイドだというお話をしました．インボリュート歯形曲線は，凸の曲線だけで，凹の曲線はありません．ですから，中心距離が，大きくなる方向にわずかの狂いがあっても，かみあいますし，9.1節でお話したかみあいの条件も満たします．それに，この歯形をつくりあげるのは，他の歯形よりもやさしいのです．

このように，インボリュート歯形は，よいことがたくさんありますので，ほとんどといってよいほど，多くの歯車に用いられています．また，ISO* や JIS** をはじめとする各国で定めている歯形もインボリュート歯形となっています．

9.4 その他の特別な曲線

今までお話してきた曲線のほかにも，歯車の歯形に用いられる曲線があります．

たとえば，凸と凹の円弧を組み合わせた円弧歯形や，相手が丸棒のピンを植えたピン車にかみあう歯形などがありますが，9.1節でお話した，かみあいの条件を完全に満たさないものや，強さが弱いもの，つくりにくいものなどで，インボリュート歯形にまさるものは，なかなかありません．

第二次世界大戦後，ソビエト（現ロシア）のノビコフという人が，円弧歯形の一種で，はすば歯車としたものを発表しました．これをノビコフ歯車といい，とても強い歯車です．ノビコフ歯車の歯形の

---

* 国際標準化機構（International Organization for Standardization）及びそれが定める規格です．"アイ・エス・オー"と読みます．
** 日本工業規格（Japanese Industrial Standard）．"ジス"と読みます．

例を図9.6に示します．この例でわかるように，一方の歯車の歯形が凸の形ならば，それにかみあう歯車の歯形は凹の形をしています．この歯形は，よいところがあるのですが，インボリュート歯形のつくりやすさなどの利点には及ばないので，現在は，インボリュート歯形が大部分になっているというわけです．

ノビコフ歯形の改良を始めとする歯車の歯形の研究は，現在も続けられています．つまり，今のインボリュート歯形が完成しつくされたものではないということで，これらの研究の成果により，よりよい歯車が生まれることを期待したいものです．

今，この本を読んでくださっている皆さんの中にも，その改良をなさる方がおられる可能性があります．

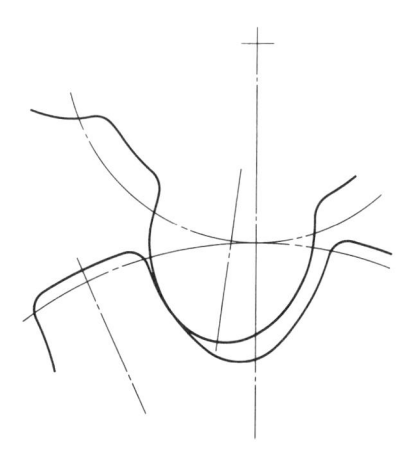

図9.6 ノビコフ歯形

引 用 文 献

1) 日本歯車工業会(1991)：新歯車便覧，日本歯車工業会，pp. 347-350，表20.1 (7)，(8)

10. 標準基準ラック歯形と歯の大きさの表し方

　歯車は，円の周りに歯をつくったものですね．また，ラックとは，真っ直ぐな棒に歯をつくったものでした．それで，歯車の直径をどんどん大きくして行き，無限に大きな直径の歯車を考え，その一部を切り取って，歯のいろいろなことを示したものを標準基準ラック歯形といいます．普通の歯車は，標準基準ラック歯形を限りのある直径の歯車の歯に移し変えるとしてもよいでしょう．

　9章でお話したように，現在は，ほとんどがインボリュート曲線を用いた歯形です．ですから，ここではインボリュート歯車の標準基準ラック歯形とその寸法関係についてお話します．なお，インボリュート曲線は，ラックにすると直線になります．

　JIS　B　1701-1(1999)　"円筒歯車—インボリュート歯車歯形第1部：標準基準ラック歯形"に描かれている図を図10.1に，記号の意味及び単位を表10.1に，さらに標準基準ラックの寸法を表10.2に示します．この図は，基準圧力角20°，並歯のものです．

　なお，この規格には，"附属書A（参考）推奨する基準ラックの歯形及び用途"として，4種類の基準ラック歯形が記されていますが，規定ではありませんのでここでは省略します．

　この図で，歯の真ん中あたりを横に引いてある細い一点鎖線p-pをデータム線といい，寸法を定める基準となる線で，円形の歯車ではピッチ円となります．mという記号がありますね．これはモジュールといって，歯の大きさを表すものです．

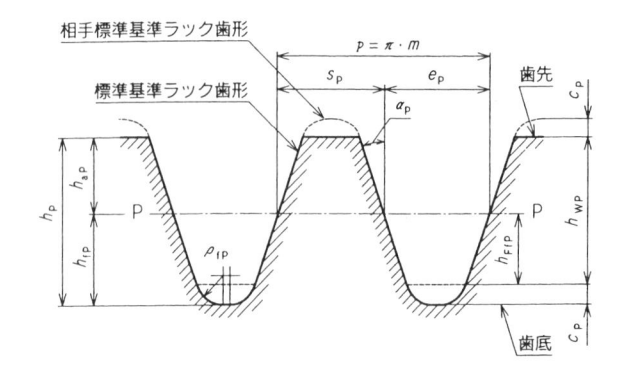

図 10.1 標準基準ラック歯形及び相手標準基準ラック歯形[1]

表 10.1 記事の意味及び単位[2]

記号	意味	単位
c_p	頂げき:標準基準ラックの歯底と相手標準基準ラックの歯先とのすきま	mm
e_p	歯溝の幅:データム線上での歯溝の幅	mm
h_{ap}	歯末のたけ:データム線上から歯先線までの距離	mm
h_{fp}	歯元のたけ:データム線上から歯底線までの距離	mm
h_{Ffp}	歯元のかみ合い歯たけ:相手標準基準ラック歯形の歯末のたけに等しい	mm
h_p	歯たけ:歯末のたけと歯元のたけとを加えたもの	mm
h_{wp}	かみ合い歯たけ:相手標準基準ラック歯形とかみ合う直線歯形部分の歯のたけ	mm
m	モジュール	mm
p	ピッチ	mm
s_p	歯厚:データム線上での歯の厚さ	mm
U_{Fp}	切り下げ量	mm
α_{Fp}	切り下げ角度	度(°)
α_p	圧力角	度(°)
ρ_{fp}	基準ラックの歯底すみ肉部曲率半径	mm

10. 標準基準ラック歯形と歯の大きさの表し方

表 10.2 標準基準ラックの寸法[3]

項目	標準基準ラックの寸法
α_p	$20°$
h_{ap}	$1.00\,m$
c_p	$0.25\,m$
h_{fp}	$1.25\,m$
ρ_{fp}	$0.38\,m$

いま,円形の歯車を考えて,歯の数を z としましょう.このときのピッチ円の直径を d とし,$d=z\times m$ となるとすると,この円の円周の長さは $\pi\times d=\pi\times z\times m$ で,この長さの中にピッチ円の上の歯厚と歯溝の幅を加えた長さ(基準ピッチ p)がちょうど歯の数 z だけあるわけです.ですから,

$$p=(\pi\times z\times m)/z=\pi\times m$$

となります.そして,ピッチ円の上の歯厚は,$s_p=p/z$ ですから,ピッチ円の上の歯溝の幅 e_p も,

$$e_p=p-(p/2)=p/2$$

となります.

図 10.1 と表 10.2 から歯末のたけは,モジュールと同じで $h_{ap}=m$,歯元のたけは,$h_{fp}=1.25m$,歯たけは $h_p=h_{ap}+h_{fp}=2.25m$ となります.

また,圧力角 α は(圧力角は,図 9.4 の α のことです),JIS では $20°$ 一種類だけを規定しています.これは,歯溝を削るときの工具の種類を多くしないためと,ある程度の強さが期待できる角度なので,このようにしてあるのです.でも,昭和の始めころまでは,$\alpha=14.5°$ のものが多く用いられていましたし,JR の通勤電車の歯

車は，$α=26°$ のもの（はすば歯車）が，工具からつくってまでも用いられています．たくさんの歯車を削るのならば，工具を新しくつくっても損にならないのです．

さて，モジュール m が，歯の大きさを定めるものでした．モジュールは，ミリメートルの単位で表し，その値が定められています．1mm 以上のモジュールの標準値を表 10.3 に，1mm 未満のモジュールの標準値を表 10.4 に，いろいろなモジュールの歯を実物大で描いたものを図 10.2 に示します．

ですから，普通の歯を切る（削る）方法（ホブ切りなど，このときは，歯数に関係ありません）によって歯車をつくるならば，基準圧力角を 20° とし，モジュールを表 10.3，表 10.4 から選べば，たいてい工具は用意されていると思います．ただし，全歯たけや歯元の丸みの半径などは，歯切り工場にある工具をよく調べておきましょう．表 10.3 及び表 10.4 は，I列とII列がありますが，できるだけI列の値を用いるのがよく，（ ）付のものは用いないようにするのがよいのです．

なお，古い時代に，歯の大きさを表すのに用いられていたものに，ダイヤメトラルピッチがあります．これは，歯のいろいろな寸法をインチの単位で表した時代のもので，ダイヤメトラルピッチ P とモジュール m の間には，1インチを 25.4 mm として，次の関係があります．

$$P = 25.4/m$$

この関係からわかるように，歯が大きくなると，ダイヤメトラルピッチは小さくなります．

現在は，新しくつくられる歯車は，ほとんどがモジュール方式で，ダイヤメトラルピッチ方式は用いられていません．でも，古い機械の修理のときなどは，ダイヤメトラルピッチ方式のものもあり得ま

すから，基準圧力角とともに，よく測定をして，誤りのないようにしたいものです．

表 10.3 モジュールの標準値[4]
単位 mm

I	II
1	1.125
1.25	1.375
1.5	1.75
2	2.25
2.5	2.75
3	3.5
4	4.5
5	5.5
6	(6.5)
8	7
10	9
12	11
16	14
20	18
25	22
32	28
40	36
50	45

表 10.4 モジュールの標準値[5]
単位 mm

I	II
0.1	0.15
0.2	0.25
0.3	0.35
0.4	0.45
0.5	0.55
0.6	0.7
0.8	0.75
	0.9

図 10.2 歯の大きさ[6]

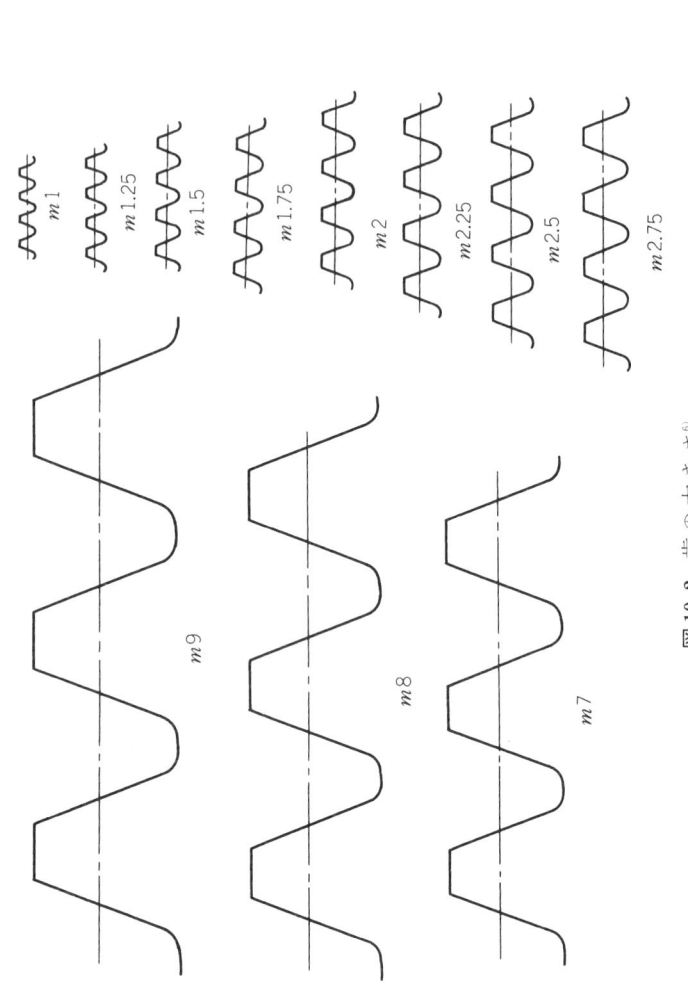

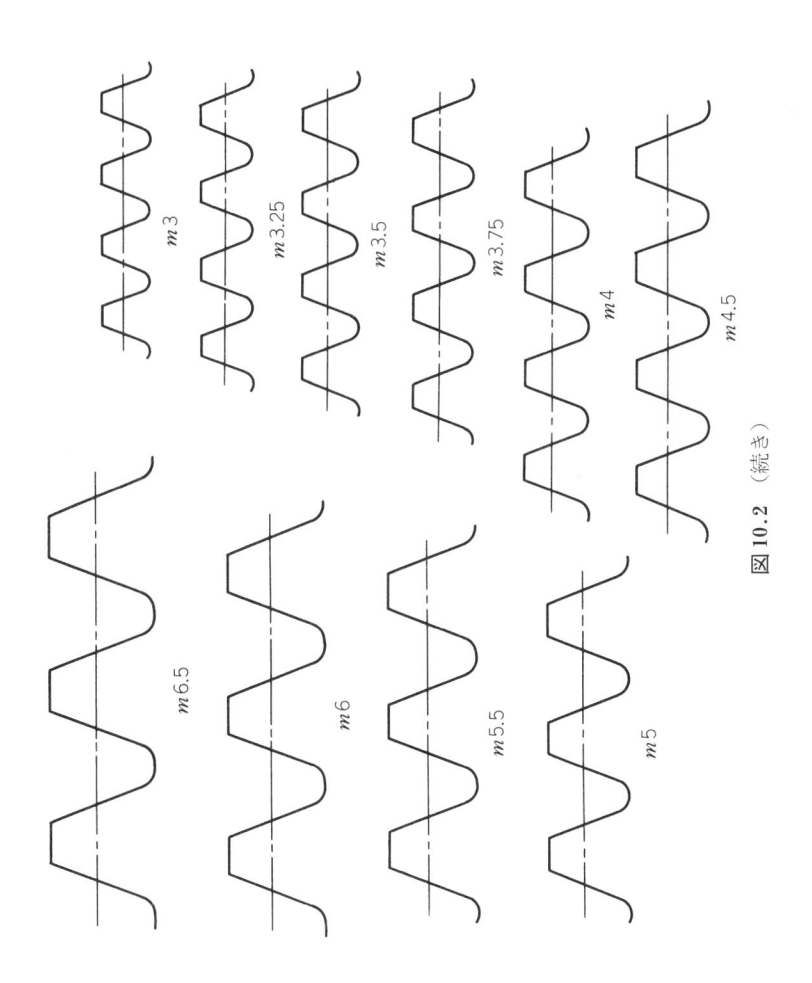

10. 標準基準ラック歯形と歯の大きさの表し方

図 10.2 (続き)

引 用 文 献

1) JIS B 1701-1(1999) 円筒歯車―インボリュート歯車歯形第1部：標準基準ラック歯形, p.3, 図1
2) 文献1), p.1, 表1
3) 文献1), p.3, 表2
4) JIS B 1701-2(1999) 円筒歯車―インボリュート歯車歯形第2部：モジュール, p.2, 表1
5) 文献4), p.3, 附属書表1
6) 日本歯車工業会(1991)：新歯車便覧．日本歯車工業会, p.11

11. 歯の高さによる違い

 10章でお話した標準基準ラック歯形では,歯末のたけがモジュールに等しく,歯たけがモジュールの2.25倍でした.この歯のことを並歯といいます.

 並歯より,背たけの高い歯,つまり,歯末のたけがモジュールを超え,歯たけがそれに見合った分だけ大きな歯――これを高歯といいます.

 一方,並歯より背たけの低い歯,歯末のたけがモジュールより小さく,歯たけがその分低い歯を低歯といいます.

 図11.1に並歯,高歯,低歯を比較して示します.

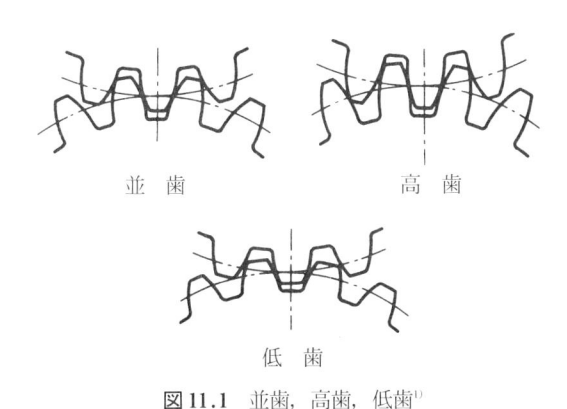

並 歯   高 歯

低 歯

図 11.1 並歯,高歯,低歯[1]

普通用いられる歯車は，ほとんどが並歯ですが，次の 12 章でお話する，かみあい率を大きくしたいなどの特別なときに，高歯が用いられます．

低歯は，背は低いけれども強そうに見えますね．それに，13 章でお話する切下げが起こりにくいのです．これらはモジュールの選び方にもよります．強い歯が必要なときで，かみあい率の心配がないときに，低歯が用いられます．

また，図 11.2 のように，内歯車とそれと同じ直径の外歯車を組み合わせたもの，これは，普通，歯車とはいわず，スプラインと呼ばれるものです．自動車のプロペラシャフトなどに用いられ，内歯のものと外歯のものが同じ回転をし，回転力を伝える軸の仲間で，軸方向に動かせるものと固定して用いるものとがあり，全部の歯でかみあっています．スプラインは，つくることからいえば，歯車の仲間ともいえ，このようなときにも，低歯が用いられます．ただし，標準の工具は使えませんから，そのことをよく調べなければなりません．

図 11.2 スプライン

引 用 文 献

1)* JIS B 0102(1988) 歯車用語，p. 42，図 21304
 *は，旧 JIS

12. かみあい長さとかみあい率

　図 12.1 を見てください．この図は，上側の被動歯車と下側の駆動歯車の歯車対の歯がかみあって，駆動歯車の左の歯が被動歯車の真ん中の歯に接触を始めたときを示しています．このとき，駆動歯車の真ん中の歯は，被動歯車の右の歯に接触していますから，この状態では2枚の歯がかみあっています．

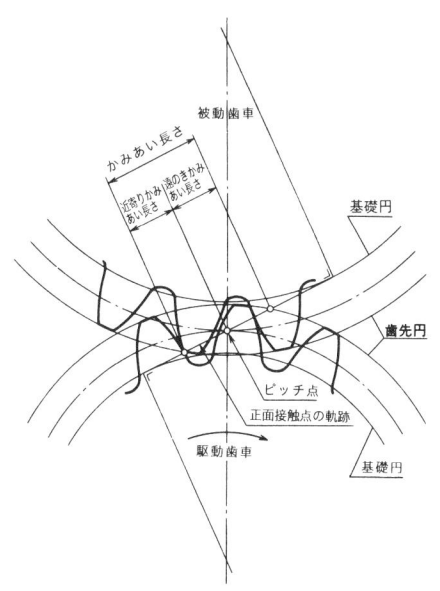

図 12.1　かみあい長さ[1]

駆動歯車の左の歯に注目しましょう．いま，この歯の歯元と被動歯車の真ん中の歯の歯先が接触しています．この位置は，被動歯車の歯先円と右上がりの直線とが交わった点です．駆動歯車が時計方向に回ると，正面接触点（白抜きの小さな円で表しています）は，右上がりの直線の上を右のほうに動いて行き，右上がりの直線と駆動歯車の歯先円と交わる点でかみあいが終わります．この右上がりの直線は，両方の歯車の基礎円の共通な接線で，正面作用線ともいわれている線です．そして，両歯車のピッチ円の交わる点，ピッチ点もこの作用線は通ります．

すなわち，接触点は，被動歯車の歯先円と正面作用線の交点を出発点として，正面作用線上を移動して行き，駆動歯車の歯先円と正面作用線の交点で終わるということです．そして，この長さをかみあい長さといいます．

また，出発点の正面接触点からピッチ点までを近寄りかみあい長さ，ピッチ点から終わりの正面接触点までを遠のきかみあい長さといい，これらを加えた長さがかみあい長さとなります．

かみあい率というのは，このかみあい長さを，図12.2の正面基礎円ピッチで割った値で，かみあい長さのうちに，いく組の歯がか

みあうかを表すものです．ある歯のかみあいが終わらない前に次の歯のかみあいが始まらなければなりませんので，かみあい率は，必ず1以上が必要となります．かみあい率を2以上とすると，2組以上の歯がいつもかみあうことになりますから，歯の精度がよければ，歯にかかる力を2枚以上の歯で分担できるということです．

　また，11章でお話した高歯にすれば，歯先円が大きくなるので，かみあい長さが大きくなり，かみあい率も大きくなります．低歯のときは，その逆で，かみあい率は小さくなります．

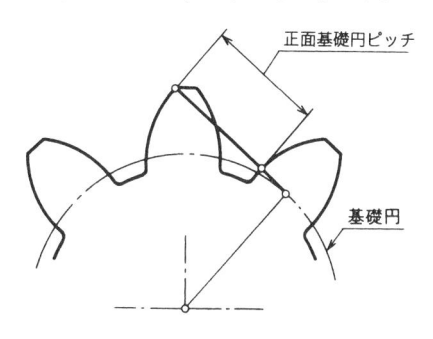

図12.2　正面基礎円ピッチ[2]

引 用 文 献

1)* JIS B 0102(1988)　歯車用語，p.47，図 22303
2)　文献1)，p.41，図 21210 (a)
　*は，旧JIS

13. 平歯車には標準平歯車（x-0 歯車）と転位平歯車（x-歯車）があります

（1） 標準平歯車（x-0 歯車）

標準平歯車（x-0 歯車）は，10 章でお話した標準基準ラック歯形をそのまま円形の歯車としたものです．あるいは，標準基準ラック歯形を相手の歯車として，ピッチ円が基準ラックのデータム線と接してかみあう歯車のことです．したがって，ピッチ円の直径を d，歯数を z，モジュールを m とすると，

$$d = z \times m \qquad (13.1)$$

となります．

なお，一対の標準平歯車どうしのかみあいでは，一方の歯車のピッチ円と他方の歯車のピッチ円は接します．

その他の寸法は，14 章でお話しましょう．

（2） 切下げと最小歯数

平歯車対で，強さのことから歯の大きさ，つまりモジュールを小さくできないけれども，歯数比を大きくとりたいとき，小歯車の歯数を減らして行きたくなります．ところが，標準平歯車の歯数を少なくしていくと，図 13.1 のように，歯元部の歯面が削り取られることがあります．これを工具の干渉といい，削り取られたことを切下げが起こったといいます．切下げが起こると，相手の歯と接触する歯面が少なくなりますし，歯元の歯厚に当たる寸法が小さくなり，とても弱い歯になってしまうのです．

これは，歯数と圧力角に関係があり，歯数が少なくなるほど，ま

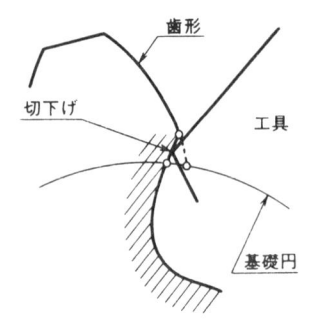

図 13.1 工具の干渉と歯の切下げ[1]

た圧力角が小さいほど切下げが起こりやすくなります.

ある圧力角で, 切下げを起こさない一番少ない歯数を最小歯数といいます.

基準圧力角 20°並歯のときの最小歯数は 17 枚, 基準圧力角 14.5°並歯のときの最小歯数は 32 枚なので, それ未満の歯数の歯車はつくらないようにするのです.

(3) 転位平歯車（x-歯車）

平歯車の転位とは, 標準基準ラック歯形を相手の歯車とするとき, 標準ラック歯形のデータム線と歯車のピッチ円を接しないように"ずらして"かみあわせた歯車です. それで, 歯車の軸の中心から遠いほうにずらしたときを正転位（プラス転位, ＋転位）といい, 軸の中心に近い方にずらしたときを負転位（マイナス転位, －転位）といいます. その正転位の様子を標準歯車と比較して図 13.2 に示します. そして, 転位を行った歯車を転位歯車（x-歯車）といいます.

ピッチ円からずらした寸法を転位量といい, それをモジュール m で割ったものを転位係数 x といいます. ですから,

13. 標準平歯車と転位平歯車

$$転位量 = x \times m \tag{13.2}$$

ということです．なお，負転位のときは，転位係数に符号を付けて，

$$転位量 = (-x) \times m$$

と表し，転位量もマイナスになります．

なお，標準歯車（x-0 歯車）は，$x=0$，つまり転位量，転位係数がともに 0 のときをいうわけです．

歯車を正転位すると，その分だけ歯先円や歯底円が大きくなり，

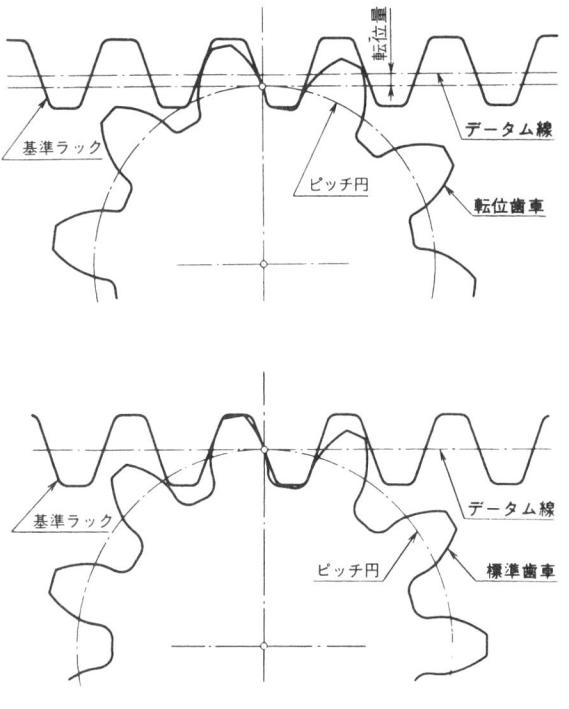

図 13.2 転位歯車と標準歯車[2]

負転位のときは小さくなります．

（4） 転位の目的

それでは，転位をした歯車にはどのようなよいことがあるのでしょうか．

まず，切下げを防止するということがあります．（2）でお話したように，標準歯車は歯数を少なくすると切下げが起こるので，最小歯数がありました．このとき，正転位をすると，標準歯車よりも少ない歯数でも切下げが起こらないのです．その限度は，圧力角 20° 並歯のとき，歯数を z，転位係数を x として，

$$x = \frac{17-z}{17} \tag{13.3}$$

です．たとえば，歯数を 13 枚にしたいとき，

$$x = \frac{17-13}{17} = +0.2353$$

となって，転位係数をそれ以上にとれば，切下げは起こりません．このとき，転位係数の数には，＋か－の符号をつけることを習慣にしましょう．

次に，中心距離を少し大きくすることができます．標準歯車の対では，ピッチ円が接していますから，ピッチ円の直径を加えてその

半分が中心距離になります．ところが，正転位をすれば，いろいろな直径が大きくなるのでしたね．それで，小歯車と大歯車の転位係数をそれぞれ x_1, x_2 としたとき，

$$x_1 + x_2 > 0$$

つまり，両歯車の転位係数を加えたものが正（0より大きい）ならば，標準歯車（x-0歯車）の対の中心距離より大きくできるのです．この大きくできる寸法は，わずかですけれども，この寸法によって機械が成立するかどうかが分かれるときがあります．

また，標準歯車の対では，$x_1 = 0$, $x_2 = 0$ ですから，

$$x_1 + x_2 = 0$$

したがって，前の例の小歯車の歯数 $z_1 = 13$ で，$x_1 = +0.2353$ とすれば小歯車には切下げは起こらないのでしたね．これにかみあう相手の大歯車の歯数を $z_2 = 66$ としたとき，$x_2 = -0.2353$ とすれば，

$$x_1 + x_2 = +0.2353 + (-0.2353) = 0$$

となって，標準歯車対の中心距離と同じにできます．一方，大歯車は，式(13.3)から，

$$x = \frac{17 - 66}{17} = -2.8824 < -0.2353$$

となって，切下げは起こらないのでよいですね．このように，標準歯車（x-0歯車）の対の中心距離でも転位歯車を用いることができます．

一組の歯車対を考えると，小歯車は，大歯車よりも歯数比だけ余計に回ります．ですから，小歯車の歯は，とてもつらい目にあっています．そこで，小歯車の材料を強いものにするのですが，一般に正転位をすると，標準歯車より歯が強くなります．そこで，小歯車と大歯車の転位係数をうまく選ぶと，小歯車と大歯車の強さをほぼ同じにできます．

それから，小歯車は正転位歯車として，大歯車を標準歯車とすることも，もちろんできます．このときは，$x_1+x_2>0$ となりますから，中心距離は標準歯車（x-0歯車）のそれより大きくなります．

（5） 切下げ限界及びとがり限界

歯車の歯を正転位するということは，標準歯車よりも，インボリュート曲線の基礎円から遠いところ，圧力角の大きいところを使うことになります．ですから，一つの歯では，歯先の歯厚が小さくなり，ついには歯先の歯厚がなくなってとがってしまいます．それでは困るので，歯数と転位係数から歯先がとがる限度を求め，それをとがり限界といいます．

それと，（2）でお話した，切下げの限界をまとめてグラフにしたものを図13.3に示します．

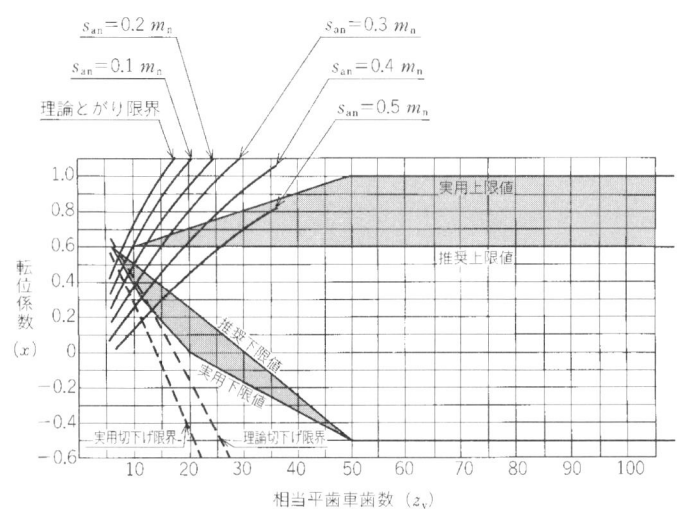

図13.3 切下げ限界ととがり限界[3]

この図は，圧力角 20°並歯のもので，縦軸を転位係数 x，横軸を相当平歯車歯数 z_v にとっていますが，相当平歯車歯数というのは，はすば歯車のときのもので，はすば歯車の歯数を z，ねじれ角を β としたとき，

$$z_v = z/\cos^3\beta \tag{13.4}$$

となります．平歯車のときは，$z_v = z$ としてください．

また，s_{an} は，はすば歯車の歯直角の歯末の歯厚で，平歯車のときは，s_a の記号になります．これは普通モジュールの 0.2 倍以上にとりたいですから，$s_{an} = 0.2\,m_n$ の線から右側になるようにしましょう．なお，m_n は，はすば歯車のときの歯直角モジュールのことで，平歯車のときは，$m_n = m$ としてください．

できれば，推奨上限値と推奨下限値の間にあるのがよいのですが，実用上限値または実用下限値まで範囲を広げてもかまいません．

歯数 $z = 13$ のときは，この図から，転位係数 $x = +0.4$ くらいが望ましく，そのときの歯末の歯厚 $s_a = 0.4\,m$ くらいになるということです．

なお，歯末の歯厚は，幾何学的に正確に求める式がありますが，ここでは省略します．実用的には，図 13.3 で判断して十分です．

（6） 不思議歯車機構

図 13.4 を見てください．同じ軸心に二つの大歯車が並んでいて，それに同時に小歯車がかみあっています．（4）でお話したように，歯車対の転位係数の和を正にすれば，少し中心距離を大きくできるのでしたね．

そこで，たとえば，駆動歯車Ⅰの歯数 $z_1 = 99$，被動歯車Ⅱの歯数 $z_2 = 100$，それらにかみあう小歯車Ⅲの歯数 $z_3 = 20$ とし，モ

$\cos^3\beta$：$(\cos\beta)^3$ のことです．平歯車のときは，$\beta = 0$ ですから，$\cos\beta = 1$，$\cos^3\beta = 1$ となり，ですから，$z_v = z$ となるのです．

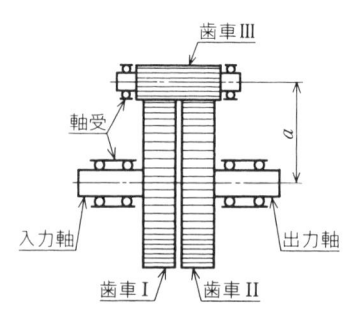

図13.4 不思議歯車機構

ジュール $m=3$ mm としましょう.そして,歯車IIと歯車IIIを標準歯車とすると,その中心距離は,$a=[(100+20)\times 3]/2=180$ mm となります.歯車Iを標準歯車とすると歯車IIIとの中心距離は,$a'=178.5$ mm となるのですが,その差 $a-a'=1.5$ mm だけ大きくなるように歯車Iを正転位しましょう.そうすると,中心距離 180 mm で歯車IIIに歯車Iも歯車IIもかみあいます.歯車IIIは中間歯車ですから,駆動歯車軸と被動歯車軸との歯数比は $i=100/99=1.010\,101\,01$ となって,ごくわずかな回転比をしかも同じ軸心で得られます.これは,転位歯車の応用で,不思議歯車機構(正式な JIS の用語にはありません)といわれているものです.

引 用 文 献

1)* JIS B 0102(1988) 歯車用語,p.36,図 13102
2) 文献1),p.43,図 21611,図 21610
3) 日本歯車工業会(1991):新歯車便覧,日本歯車工業会,p.74,図 4.6
　*は,旧 JIS

14. 標準平歯車（x-0 歯車）の各部の名前とその大きさ

図14.1を見てください．この図は，標準歯車（x-0歯車）に相手の歯車としてやはり標準歯車（x-0歯車）をかみ合わせた様子です．この図によって，基準圧力角 20°，並歯のときの標準平歯車の各部の名前とその大きさを求める方法をお話しましょう．そのとき，記号に小歯車には $_1$ の，大歯車には $_2$ の小さな添字をつけることにします．小歯車にも大歯車にも共通なもの（たとえば，モジュールや中心距離など）にはつけません．

まず，標準基準ラック歯形と仕上げ方法を決めておきましょう．標準基準ラック歯形は，基本的には図10.1のものを用いることとし，これに適合する工具（ホブ）がありますので，仕上げ方法は，ホブ切りとしましょう．

（1） 小歯車の歯数を z_1 とします．
（2） 大歯車の歯数を z_2 とします．
（3） モジュールを m とします．
（4） 基準圧力角を α とします．
（5） 歯の先をつないだ円と相手の歯車の歯の底をつないだ円との最小すきまを，頂げき(c)といい，標準基準ラック歯形から，この場合，

$$c = 0.25\,m$$

となります．

94

大歯車歯数 z_2

干渉点 I_2

かみあい長さ g_a

p_b p_b

2対かみあい 1対かみあい 2対かみあい

かみあい終了点

全歯たけ $h=(2+k)m$

大歯車ピッチ円

有効歯たけ $h_w=2m$

大歯車歯先円

歯末のたけ $h_a=m$

I_1

干渉点
かみあい開始点

$\delta_b = \dfrac{\pi}{z} - 2\,\mathrm{inv}\,\alpha$

円ピッチ $p=\pi m$

法線ピッチ $p_b=\pi m \cos\alpha$

円弧歯厚 $s=\pi m/2$

中心距離 $a=\dfrac{z_1+z_2}{2}m$

歯元のたけ $h_f=1.25m$

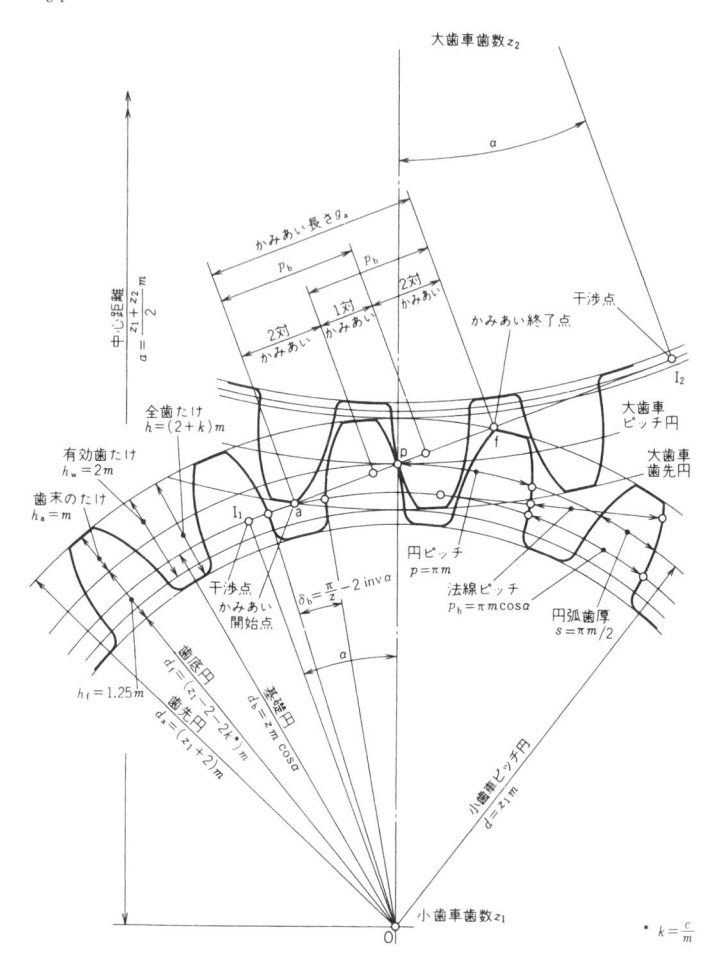

歯底円 $d_f=(z_1-2-2k^*)m$

歯先円 $d_a=(z_1+2)m$

基礎円 $d_g=z_1 m \cos\alpha$

小歯車ピッチ円 $d=z_1 m$

小歯車歯数 z_1

O

* $k=\dfrac{c}{m}$

図 14.1 標準平歯車（x-0 歯車）[1]

（6） ピッチ円から歯先までの距離を歯末のたけ(h_a)といい，モジュールと同じでしたから，
$$h_a = m \tag{14.1}$$
となります．

（7） ピッチ円から歯底までの距離を歯元のたけ(h_f)といい，モジュールと頂げきを加えたものですから，
$$h_f = m + c \tag{14.2}$$
となります．

（8） 歯末のたけと歯元のたけを加えたものを歯たけ(h)といい，
$$h = h_a + h_f \tag{14.3}$$
です．

（9） ピッチ円直径(d)は，式(13.1)でお話したように，歯数とモジュールをかけたものでしたから，
$$d_1 = z_1 m, \quad d_2 = z_2 m \tag{14.4}$$
となります．

（10） 中心距離(a)は，両方のピッチ円が接しているのですから，図からわかるように，
$$a = \frac{m(z_1 + z_2)}{2} = \frac{d_1 + d_2}{2} \tag{14.5}$$
となります．

（11） 歯の先をつないだ円を歯先円といい，その直径(d_a)は，ピッチ円直径に歯末のたけの2倍を加えたものですから，
$$\left.\begin{array}{l} d_{a1} = d_1 + 2h_a = m(z_1 + 2) \\ d_{a2} = d_2 + 2h_a = m(z_2 + 2) \end{array}\right\} \tag{14.6}$$
となります．

（12） 歯の底をつないだ円を歯底円といい，その直径(d_f)は，ピッチ円直径から歯元のたけの2倍を引いたものですから，

$$\left.\begin{array}{l}d_{f1}=d_1-2h_f\\d_{f2}=d_2-2h_f\end{array}\right\} \tag{14.7}$$

です．

(13) 9.3節でお話した，インボリュート曲線の基礎円直径(d_b)はどうなるでしょうか．実は，ピッチ円直径に圧力角のコサインをかけたものになり，

$$d_{b1}=d_1\cos\alpha,\quad d_{b2}=d_2\cos\alpha \tag{14.8}$$

となります．

(14) ピッチ円の上で隣の歯の同じところまでを円弧で測った距離を正面ピッチ(p)といい，ピッチ円周を歯数で割ったものですし，ピッチ円直径を歯数で割ったものはモジュールですから，

$$p_1=\frac{\pi d_1}{z_1}=\frac{\pi d_{a1}}{z_1+2}=\pi m \tag{14.9}$$

となり，p_2も同じになります．

(15) インボリュート曲線の作用線の上の歯の面から隣の歯の面までを作用線の上で直線に測った距離を正面基礎円ピッチ(p_b)といい，基礎円上のピッチを直線に延ばしたものですから，

$$p_b=\frac{\pi d_{b1}}{z_1}=\frac{\pi d_1\cos\alpha}{z_1}=\frac{\pi d_2\cos\alpha}{z_2}=\pi m\cos\alpha \tag{14.10}$$

となり，d_2, z_2を用いても同じになります．

(16) 基準ピッチ円の上での歯の厚さを正面歯厚(s)といい，円ピッチの半分ですから，

$$s=\frac{p}{2}=\frac{\pi m}{2} \tag{14.11}$$

です．

(17) 12章でお話した，かみあい率(ε)は，正しく計算をする式があります．少し複雑なので，ここでは省略しますが，グラフで

求める方法をお話しましょう．かみあい率は，幾何学的に正しく求めなくともよいので，この方法で判断しても十分です．

図 14.2 にそのグラフを示します．このグラフは，基準圧力角 20°，並歯の標準歯車のときのもので，縦軸に片方の歯車のかみあい率を，横軸にその歯車の歯数をとっています．そして，小歯車のかみあい率を $\varepsilon_{(1)}$，大歯車のそれを $\varepsilon_{(2)}$ としてそれぞれ求め，それらを加えれば，この歯車対のかみあい率が求まります．

$$\varepsilon = \varepsilon_{(1)} + \varepsilon_{(2)} \tag{14.12}$$

(18) でき上がった歯車の歯の厚さを測る方法には，またぎ歯厚法，オーバピン（玉）径法及び弦歯厚法があり，それらの内の一つの数値を計算しなければなりませんが，それは，22.5 節 "歯厚の定め方とその測り方" でお話することにします．

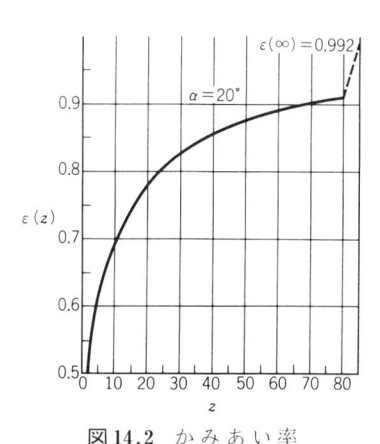

図 14.2 かみあい率

引 用 文 献

1) 石川二郎(1960)：機械要素(2)，p. 162，図 10.10，コロナ社

15. 転位平歯車（x-歯車）の各部の名前とその大きさ

14章では基準圧力角20°，並歯のときの標準平歯車（x-0歯車）についてお話しました．ここでは，やはり基準圧力角20°，並歯のときの転位平歯車の各部の名前とその大きさについて図15.1によってお話しましょう．なお，小歯車と大歯車を区別する記号，標準基準ラック歯形と仕上げ方法は，14章と同じとします．

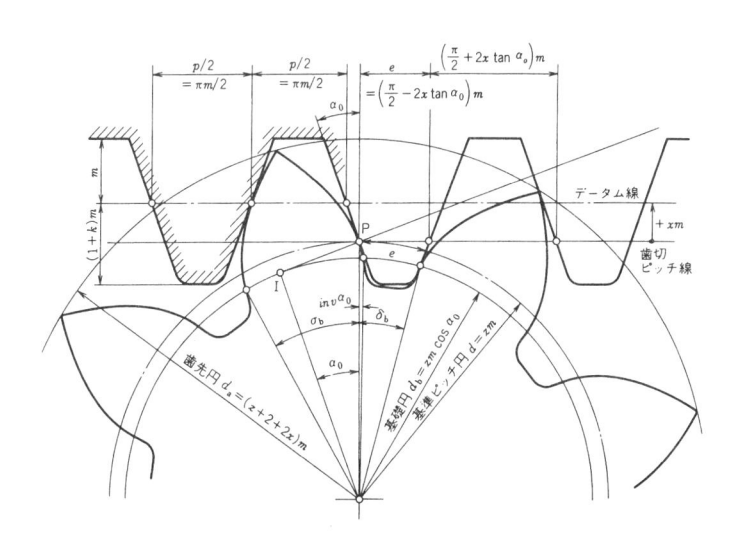

図 15.1 転位平歯車（x-歯車）[1]

（1） 小歯車の歯数を z_1 とします．
（2） 大歯車の歯数を z_2 とします．
（3） 小歯車の転位係数を x_1 とします．
（4） 大歯車の転位係数を x_2 とします．
　　転位係数は，13章の（3）でお話したように，転位量（歯を切るとき，ずらす寸法です）をモジュールで割ったものでしたね．そして，＋か－の符号を付けるのでした．
（5） モジュールを m とします．
（6） 基準圧力角を α とします．
（7） 歯車計画のときの頂げきを c_0 とします．
（8） 標準歯車の対では，それぞれの基準ピッチ円が接するので，歯のかみあい点の圧力角は基準圧力角に等しくなりますが，転位歯車の対ではかみあい点がずれます．そのかみあい点の圧力角をかみあい圧力角（$\alpha_{(w)}$）といい，両方の歯車の転位係数と歯数によって変わります．

$$\operatorname{inv}\alpha_{(w)} = 2\tan\alpha\left(\frac{x_1+x_2}{z_1+z_2}\right) + \operatorname{inv}\alpha$$

この式を逆関数にかきかえると，

$$\alpha_{(w)} = \operatorname{inv}^{-1}\left[2\tan\alpha\left(\frac{x_1+x_2}{z_1+z_2}\right)\right] + \alpha \tag{15.1}$$

となります．ここで9.3節でお話したインボリュート関数表から補間して逆関数を求めることが必要となります．

（9） 転位歯車の対は，中心距離が標準歯車の対のものとは違うのでしたね．標準歯車の対の中心距離からどれだけ違うかをその違う距離をモジュールで割ったもので表します．これを中心距離修整係数（y）といい，

$$y=\frac{z_1+z_2}{2}\left(\frac{\cos\alpha}{\cos\alpha_{(w)}}-1\right) \tag{15.2}$$

となります.

(10) 転位歯車の対の中心距離(a)は,

$$a=m\left(\frac{z_1+z_2}{2}+y\right) \tag{15.3}$$

となり,つまり,標準歯車の対の中心距離に中心距離増加係数とモジュールを掛け合わせたものを加えたものということです.

(11) 基準ピッチ円直径は標準歯車のときと変わりません.

$$d_1=z_1m,\ \ d_2=z_2m \tag{15.4}$$

(12) 基礎円直径も標準歯車のときと変わりません.

$$d_{b1}=d_1\cos\alpha,\ \ \ d_{b2}=d_2\cos\alpha \tag{15.5}$$

(13) 転位歯車の対の中心距離は,普通標準歯車の対のそれとは違います.ですから,それぞれのピッチ円は接しません.つまり,かみあい点がピッチ円の上にはないのです.

このかみあい点を通る円をかみあいピッチ円といい,その直径をかみあいピッチ円直径($d_{(w)}$)といいます.そして,このかみあい点の圧力角がかみあい圧力角となります.かみあいピッ

歯数比とモジュールが定まっていて,中心距離を標準歯車のそれよりも少し大きい寸法にぴったり合わせたいとき,どうしたらよいでしょう.そのときは,式(15.1),式(15.2),式(15.3)を変形すると,次の式が得られます.

$$\alpha_{(w)}=\cos^{-1}\frac{(z_1+z_2)m\cos\alpha}{2a}$$

$$x_1+x_2=\frac{(z_1+z_2)(\mathrm{inv}\,\alpha_{(w)}-\mathrm{inv}\,\alpha)}{2\tan\alpha}$$

これで,両歯車の転位係数を加えたものが求まりますから,後は13章でお話した目的にそったいろいろな方法で小歯車と大歯車に転位係数を割り振ってやればよいのです.上の式の変形は,ご自分でやってごらんなさい.

チ円は互いに接するので，かみあいピッチ円の半径は中心距離を歯数の比で分けたもので，直径はその2倍です．

$$d_{(\mathrm{w})1} = 2a\left(\frac{z_1}{z_1+z_2}\right) = \frac{d_{\mathrm{b}1}}{\cos\alpha_{(\mathrm{w})}}$$
$$d_{(\mathrm{w})2} = 2a\left(\frac{z_2}{z_1+z_2}\right) = \frac{d_{\mathrm{b}2}}{\cos\alpha_{(\mathrm{w})}}$$
(15.6)

(14) 歯末のたけ(h_a)は，転位量だけ寸法が違ってきて，
$$h_{\mathrm{a}1} = (1+x_1)m$$
$$h_{\mathrm{a}2} = (1+x_2)m$$
(15.7)

となります．

(15) 歯先円直径(d_a)は，基準ピッチ円直径に歯末のたけの2倍を加えたものになりますから，
$$d_{\mathrm{a}1} = [z_1 + 2(1+x_1)]m$$
$$d_{\mathrm{a}2} = [z_2 + 2(1+x_2)]m$$
(15.8)

となります．ただし，それぞれの転位係数を加えた値が大きいときは，上の式で計算した寸法では頂げきが小さくなって，具合が悪くなるのです．それを修正する式もあるのですが，ここでは省略します．

(16) 全歯たけ(h)は，
$$h = 2m + c_0$$
(15.9)

です．

(17) 歯底円直径(d_f)は，標準基準ラック歯形から，
$$d_{\mathrm{f}1} = d_{\mathrm{a}1} - 2h$$
$$d_{\mathrm{f}2} = d_{\mathrm{a}2} - 2h$$
(15.10)

となります．

(18) 頂げき(c)は，標準基準ラック歯形で定められていますが，歯先円直径と歯底円直径が求められていますから，それらを用

いて確認のために計算しておきましょう.

頂げきは,中心距離 a から一方の歯車の歯先円の半径と相手歯車の歯底円の半径を引いたものですから,大歯車の歯先円と小歯車の歯底円の頂げきを c_1, その逆を c_2 とすると,

$$c_1 = a - \left(\frac{d_{a2} + d_{f1}}{2}\right)$$
$$c_2 = a - \left(\frac{d_{a1} + d_{f2}}{2}\right) \tag{15.11}$$

となります.そして,(15)でお話したように,転位係数の加えた数 $(x_1 + x_2)$ が大きいときは,頂げきが小さくなり,一方の歯車の歯先が相手の歯車の歯底の丸みの部分にのってしまって歯面で当たらなくなり,具合が悪いのです.ことによっては,歯を傷めることにもなりますから,それを確認して計画のときの頂げき c_0 を確保したいのです.もし,頂げきが少ないようでしたら,歯先円直径を小さくするように,歯先円直径の寸法許容差をマイナスにすればよいのです.

(19) 基準円ピッチ (p) は,標準歯車 (x-0 歯車) のときと同じで,
$$p = \pi m \tag{15.12}$$
です.

(20) 法線ピッチ (p_b) も標準歯車 (x-0 歯車) と同じで,
$$p_b = \pi m \cos \alpha_{(w)} = \frac{\pi d_{b1}}{z_1} = \frac{\pi d_{b2}}{z_2} \tag{15.13}$$
です.

(21) 転位量は,小歯車と大歯車それぞれ,
$$\text{小歯車の転位量} = x_1 m$$
$$\text{大歯車の転位量} = x_2 m \tag{15.14}$$
となります.

(22) かみあい率は，正しく計算をする式がありますが，標準歯車（x-0歯車）のときと同じくここでは省略します．ここではグラフで求める方法によりましょう．

転位歯車（x-歯車）のかみあいは，標準歯車（x-0歯車）のかみあいと違うので，かみあい率も異なったものとなります．そこで，標準歯車（x-0歯車）のかみあい率を異なる分だけ補正するという方法をとります．

図15.2は，その補正する値 $[y(z)]$ を求めるグラフで，横軸に歯数を，縦軸に補正する値を示します．

すなわち，小歯車，大歯車ともに，まず標準歯車としてのかみあい率を図14.2で求めそれらを加えます．ここまでは標準歯車のときと同じです．そして，それを修正する値を小歯車，大歯車それぞれについて図15.2から求め，それらに転位係数を掛けたものを標準歯車（x-0歯車）のかみあい率から引けば，転位歯車（x-歯車）対のかみあい率が求まります．すなわち，

$$\varepsilon = \varepsilon_{(1)} + \varepsilon_{(2)} - y(z_1)x_1 - y(z_2)x_2 \tag{15.15}$$

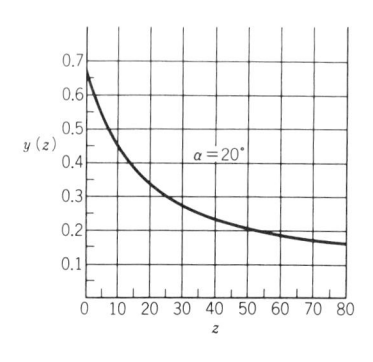

図15.2 かみあい率補正係数

ということです．

　かみあい率は，できるかぎり大きいのがよいのですが，大きくするためには，歯数を増すこと（同じピッチ円直径ならば，モジュールが小さくなります），圧力角を小さくすること（標準の工具が使えません），転位係数を小さくすることです．基準圧力角が$20°$のときのかみあい率は，理論的に 2.0 以上にはなりません．でも，できれば 1.6 以上はほしいし，少なくとも 1.4 くらいにはしたいのです．その歯車を用いる機械の類似品の前例などをよく調べて判断したいものです．

(23)　歯の厚さを測る方法については，22.4 節 "歯厚の定め方とその測り方" でお話することにします．

　なお，図 15.1 の転位歯車（x-歯車）の図では，歯先がとがって描いてありますが，これは誇張して転位係数を大きくとったからです．実際の歯車では 13 章の（5）でお話したように，歯先はとがらせません．また，相手のラックは，ラック形カッタを示しています．

引 用 文 献

1)　機械システム設計便覧編集委員会編(1986)：機械システム設計便覧，p. 869，図 17.6

16. はすば歯車の各部の名前と
　　その大きさ

16.1　軸直角方式と歯直角方式，それに相当平歯車歯数

　はすば歯車は，5.2節の（3）でお話したように，歯すじがつる巻き線である円筒歯車です．ですから，歯すじが歯車の軸心に平行ではありません．

　はすば歯車の各部の大きさを定めるときに，図16.1のようにはすば歯車の軸心に平行な方向（正面ともいいます）から見るか，あるいは軸心に直角に切断した平面（軸直角平面）でいうときを軸直角方式といいます．

　一方，はすば歯車の各部の大きさを定めるときに，図16.2のように歯すじ方向に直角に切断した平面（歯直角平面）でいうとき，

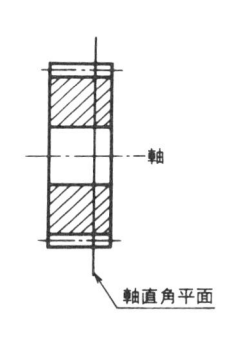

図16.1　軸直角平面[1]　　図16.2　歯直角平面[2]

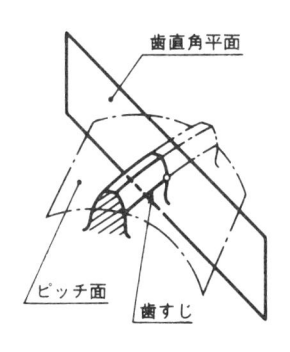

つまり軸心に直角の面からねじれ角分だけ傾けて切断した平面でいうときを歯直角方式といいます．

軸直角方式がよいか，歯直角方式がよいかは，いろいろな得失があってどちらともいえませんが，10章でお話した，標準基準ラック歯形をそのまま軸心に直角の面からねじれ角分傾けて歯をつくっていくとしたほうが便利なので，普通は歯直角方式が用いられているようです．このようにすれば平歯車を切る工具をそのままねじれ角分傾けて取り付けて，歯切りができるという有利さもあるのです．

ですから，これからのはすば歯車のことは，歯直角方式でお話を進めます．

ところで，円筒を斜めに切ったとき，その切り口はどんな形になりますか？　それは，だ円形になりますね．そして，だ円の一番半径の大きくなるところの半径で円を描き，その円に同じモジュールの歯をつくったとしたとき，その歯数を相当平歯車歯数*といいます．

16.2　歯直角方式標準はすば歯車（x-0歯車）

歯直角方式で標準（転位していない）のはすば歯車の代表的な各部の名前とその大きさのお話です．

（1）　小歯車の歯数をz_1とします．
（2）　大歯車の歯数をz_2とします．
（3）　歯すじに直角に切ったとき，つまり標準基準ラック歯形そのもののモジュールを，歯直角モジュールといい，m_nで表しま

---

*　相当平歯車歯数を正確に難しい言葉でいうと，"基準ピッチ円筒上を通る歯直角平面とピッチ円筒との交線のその点における曲率円の円周を基準ピッチ円筒上の歯直角ピッチで除した値"となります．

す.
(4) 歯すじに直角に切ったとき,標準基準ラック歯形の圧力角を α_n で表します.
(5) ピッチ円（正確にはピッチ円筒）上のねじれ角を β で表します.
(6) 頂げきを c とします.
(7) 歯末のたけ(h_a)は,モジュールに等しいのですから,
$$h_a = m_n \tag{16.1}$$
です.
(8) 歯元のたけ(h_f)は,相手歯車の歯末のたけ,つまりモジュールに頂げきを加えたものですから,
$$h_f = m_n + c \tag{16.2}$$
となります.
(9) 歯たけ(h)は,歯末のたけと歯元のたけを加えて,したがって,
$$h = h_a + h_f \tag{16.3}$$
です.
(10) ピッチ円直径(d)は,歯数にモジュールを掛け（標準平歯車（x-0歯車）のピッチ円直径），それをねじれ角の cos で割ったものです.すなわち,
$$d_1 = \frac{z_1 m_n}{\cos \beta}, \quad d_2 = \frac{z_2 m_n}{\cos \beta} \tag{16.4}$$
となります.そして,$\cos \beta$ は,必ず1以下ですから,同じモジュールと歯数の標準平歯車（x-0歯車）の基準ピッチ円直径よりも大きくなります.
(11) 中心距離(a)は,小歯車,大歯車それぞれのピッチ円直径を加えて2で割ったものですから,ピッチ円直径の式を用いて表

すこともできます．

$$a=\frac{m_\mathrm{n}(z_1+z_2)}{2\cos\beta}=\frac{d_1+d_2}{2} \tag{16.5}$$

となり，標準平歯車（x-0歯車）のそれより大きくなります．

(12) はすば歯車を軸心に平行に（正面から）見たときのモジュールを正面モジュール(m_t)といい，

$$m_\mathrm{t}=\frac{d_1}{z_1}=\frac{m_\mathrm{n}}{\cos\beta} \tag{16.6}$$

となります．つまり，歯直角方式はすば歯車では，正面から見ればモジュールが大きくなり，そのわりには歯たけが低い歯となっているわけです．

(13) それでは，そのときの圧力角を正面圧力角(α_t)といい，どのようになるでしょう．これは，

$$\alpha_\mathrm{t}=\tan^{-1}\left(\frac{\tan\alpha_\mathrm{n}}{\cos\beta}\right)=\cos^{-1}\left(\frac{d_{\mathrm{b}1}}{d_1}\right) \tag{16.7}$$

となって，歯直角圧力角よりも大きくなります．

(14) 16.1節でお話した，相当平歯車歯数(z_v)は，

$$z_{\mathrm{v}1}=\frac{z_1}{\cos^3\beta},\ z_{\mathrm{v}2}=\frac{z_2}{\cos^3\beta} \tag{16.8}$$

となります．

(15) はすば歯車のかみあい率は，歯車の歯幅がごく薄いとして歯車対を軸方向つまり正面から見たときのかみあい率を正面かみあい率といい，また，歯がねじれ角分ななめに切られますから，回転の方向には歯のななめの分に歯幅を掛けただけかみあい長さが増えることになり，この分を重なりかみあい率といい，そして，全部のかみあい率は，正面かみあい率と重なりかみあい率を加えたものとなるのです．

これを求めるのには，図 14.2 のようなグラフが作れないのです．それは，平歯車は，ねじれ角が 0° のときだけですからグラフが作れましたが，はすば歯車のねじれ角を自由に選べるようにするためには無限に多いグラフが必要となるからです．

したがって，これは，その歯車対ごとに計算で求めることになりますが，その計算式は，やや複雑なので，ここでは省略します．必要があるときは，専門の本を調べてください．

16.3　歯直角方式転位はすば歯車（x-歯車）

歯直角方式でさらに転位した，はすば歯車の代表的な各部の名前とその大きさについてお話しましょう．

（1）　小歯車の歯数を z_1 とします．
（2）　大歯車の歯数を z_2 とします．
（3）　小歯車の転位係数を x_{n1} とします．
（4）　大歯車の転位係数を x_{n2} とします．
（5）　基準ピッチ円筒のねじれ角を β とします．
（6）　歯直角モジュールを m_n とします．
（7）　歯直角圧力角を α_n とします．
（8）　歯車計画のときの頂げきを c_0 とします．
（9）　歯車を軸方向から見たとき，つまり正面から見たときの圧力角（α_t）は，

$$\alpha_t = \tan^{-1}\left(\frac{\tan \alpha_n}{\cos \beta}\right) \tag{16.9}$$

となります．

（10）　かみあい点は，転位をしているので標準はすば歯車（x-0 歯

車)のそれからずれ，その点を正面から見たときの圧力角を正面かみあい圧力角($\alpha_{(w)t}$)といい，

$$\operatorname{inv}\alpha_{(w)t} = 2\tan\alpha_n\left(\frac{x_{n1}+x_{n2}}{z_1+z_2}\right) + \operatorname{inv}\alpha_t \tag{16.10}$$

となります．

(11) 中心距離増加係数(y)は，

$$y = \frac{z_1+z_2}{2\cos\beta}\left(\frac{\cos\alpha_t}{\cos\alpha_{(w)t}} - 1\right) \tag{16.11}$$

です．

(12) 中心距離(a)は，

$$a = m_n\left(\frac{z_1+z_2}{2\cos\beta} + y\right) \tag{16.12}$$

となります．

(13) ピッチ円直径は，それぞれ，

$$d_1 = \frac{z_1 m_n}{\cos\beta}, \quad d_2 = \frac{z_2 m_n}{\cos\beta} \tag{16.13}$$

です．

(14) かみあい点を通る，かみあいピッチ円直径($d_{(w)}$)は，

$$d_{(w)1} = 2a_w\left(\frac{z_1}{z_1+z_2}\right) = \frac{d_{b1}}{\cos\alpha_{wt}}$$

$$d_{(w)2} = 2a_w\left(\frac{z_2}{z_1+z_2}\right) = \frac{d_{b2}}{\cos\alpha_{wt}} \tag{16.14}$$

となります．

(15) 歯末のたけ(h_a)は，

$$h_{a1} = (1+x_{n1})m_n$$

$$h_{a2} = (1+x_{n2})m_n \tag{16.15}$$

です．

(16) したがって，歯先円直径(d_a)は，基準ピッチ円直径に歯末のたけの2倍を加えたものですから，

$$d_{a1} = m_n \left[\frac{z_1}{\cos\beta} + 2(1+x_{n1}) \right]$$

$$d_{a2} = m_n \left[\frac{z_2}{\cos\beta} + 2(1+x_{n2}) \right] \tag{16.16}$$

となります．ただし，15章の(15)でもお話したように，小歯車，大歯車のそれぞれの転位係数を加えた値が大きいときは，頂げきが小さくなることがあるので，あとの式(16.19)で確認してください．

(17) 全歯たけ(h)は，モジュールの2倍に計画のときの頂げき(c)を加えたものですから，

$$h = 2m_n + c \tag{16.17}$$

となります．

(18) 歯底円直径(d_f)は，歯先円直径から歯たけの2倍を引いたものですから，

$$d_{f1} = d_{a1} - 2h, \quad d_{f2} = d_{a2} - 2h \tag{16.18}$$

となります．

(19) 確認のための頂げき(c)を計算しましょう．

$$c_1 = a_w - \left(\frac{d_{a2} + d_{f1}}{2} \right)$$

$$c_2 = a_w - \left(\frac{d_{a1} + d_{f2}}{2} \right) \tag{16.19}$$

で計算してください．そしてそれぞれの頂げきの値が計画のときのそれよりも小さいときは，歯先円直径を少し小さくして，計画のときの頂げきを確保しましょう．

(20) 転位はすば歯車のかみあい率の計算式は省略します．

引 用 文 献

1)* JIS B 0102(1988) 歯車用語,p. 33,図 11408
2)　文献 1),p. 33,図 11407
　*は,旧 JIS

17. 転位はすば歯車（x-歯車）が円筒歯車の一般的な形です

14章では標準平歯車（x-0歯車）のことを，15章では転位平歯車（x-歯車）のことを，16.2節では標準はすば歯車（x-0歯車）のことを，そして，16.3節では転位はすば歯車（x-歯車）のことをお話してきました．

いままでは，これらの歯車を別々にお話してきましたが，ここで気が付くことがあると思います．

転位はすば歯車の式のうち，式(16.10)を見てください．この式の x_{n1} と x_{n2} を0としたら，$\alpha_{(w)t}=\alpha_t$ となって，16.2節（4）と同じになります．また式(16.11)は，$\alpha_{(w)t}=\alpha_t$ ですから，括弧の中が $(1-1)=0$ となり，y も0となります．そして式(16.12)で $y=0$ とすると16.2節の式(16.5)に等しくなります．

つまり，転位はすば歯車の式で，転位係数を0とおけば，それは標準はすば歯車の式に等しくなるということです．

また，たとえば式(16.9)の β を0とすると $\cos 0°=1$ ですから，$\alpha_t=\alpha_n$ となって15章（6）と同じことになります．また式(16.11)の β を0とすると式(15.2)と同じになり，したがって，式(16.11)は式(15.3)と等しくなります．式(16.13)も同様なことを行えば式(15.4)と同じになります．

これは，転位はすば歯車の式で，ねじれ角を0とおけば，転位平歯車の式になるということです．

さらに，転位はすば歯車の式で，$x_{n1}=x_{n2}=0$ とし，$\beta=0$ とすれ

ば，たとえば，式(16.9)と式(16.10)で $\alpha_{wt} = \alpha_t$，したがって式(16.11)の y は 0 となり，式(16.12)で $y=0$, $\beta=0$ とすれば，式(14.5)と等しくなって，標準平歯車のものとなります．

このように，転位はすば歯車は，円筒歯車の一般的な形であるといえます．なお，円筒歯車対のうちにはねじ歯車対もありますが，歯車単体として見れば，はすば歯車のねじれ角の定め方により平行軸でないものとしたということですから，はすば歯車と考えてよいのです．

逆にいえば，標準はすば歯車は，転位はすば歯車の転位係数を 0 とした特殊な例，転位平歯車は，転位はすば歯車のねじれ角を 0 とした特殊な例，また，標準平歯車は，転位はすば歯車の転位係数とねじれ角をそれぞれ 0 とした特殊な例ともいえます．ただし，実際に用いられる歯車は，上の特殊な例のほうが多いので，別々にお話を進めてきたというわけです．

ですから，円筒歯車の歯形を計算するコンピュータのプログラムは，転位はすば歯車のものを一つ作っておけば，入力のデータで転位係数を 0 とするとか，ねじれ角を 0 とするとかすれば，間に合うわけで，特殊な例のものは作らなくともよいのです．

18. お互いの歯がなるべく歯すじ方向にも歯たけ方向にもまん中で当たるようにする工夫

　歯車対の二つの歯がかみあって，当たっている状況を考えましょう．平歯車の場合は，かみあいピッチ点付近で切って見れば，歯すじ方向には図 18.1 のように二つの長方形が当たったようになるでしょう．しかしこの場合は，たいへん理想的な場合で，歯車そのものの狂い（誤差）もあるでしょうし，歯車を支える軸，軸受，歯車箱などの誤差も考えなければなりません．

　とにかく，機械の部品を作っていくときには，寸法にしても，平行にしても，直角にしても，まったく正確には作れないのです．まったく正確なものは，神様だけが作ることができると考えてよいでしょう．人間がいろいろな工作機械や工具の助けを借りて作ったものでも必ず誤差は生じるのです．

　このことは，機械を設計・製造するときや取り扱うときには考えに入れておくことが大切です．それを考えることができる人が機械の玄人といえる人なのです．

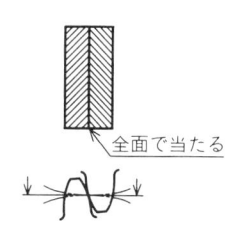

図 18.1　歯の理想的な当たり

さて，このようないろいろな誤差が歯に集まってきて，実際の歯の当たり具合は，図 18.2 のようになることがあります．この図で，歯のかどで当たっていますが，この部分に本来ならば歯全体で受け持つはずの力が全部かかってしまうのです．そのかどの部分が力に耐えられなくなってこわれます．こわれ始めたら，機械の部品は，どんどんこわれて行きます．それで機械全体が使えなくなってしまいます．

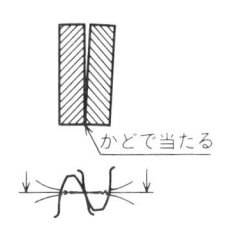

図 18.2 歯の具合の悪い当たり

かどの部分はこわれやすいので，なるべく歯のまん中あたりで当たるように，図 18.3，図 18.4 のように歯すじ方向の端に行くに従って歯の幅を小さくなるように，歯すじを曲線にしてやります．これを歯のクラウニングといいます．また，図 18.5 のように，か

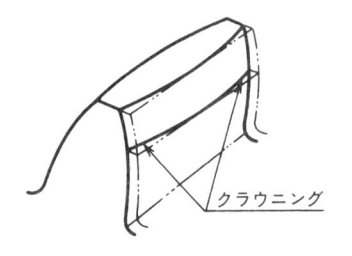

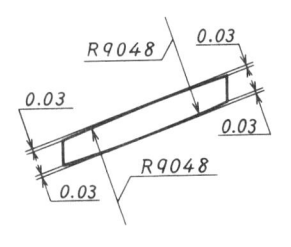

図 18.3 クラウニング[1]　　**図 18.4** クラウニングの例[2]

18. お互いの歯がまん中で当たるようにする工夫 119

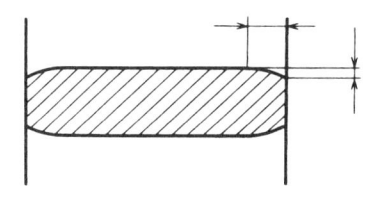

図 18.5 エンドリリーフ[3]

どの部分に当たらないように歯すじの両端だけを細め,中間は平行直線にしたものをエンドリリーフといいます.

クラウニングにしてもエンドリリーフにしても歯の端を細める寸法は,ごくわずかなものです.なお,クラウニング,エンドリリーフともに歯車対の片方の歯車に施せば十分です.小歯車に施すことが多いようで,これは,そのような特殊な加工は,少ない歯数のほうでやるのが有利だからです.

これと同じことが歯たけ方向にも起こります.すなわち,歯先に当たると歯先からこわれてしまうわけです.図 18.6 のように歯先の歯幅をごくわずか小さくしてやり,ピッチ点付近で当たるようにしてやります.これを歯形修整といいます.歯形修整は,小歯車,

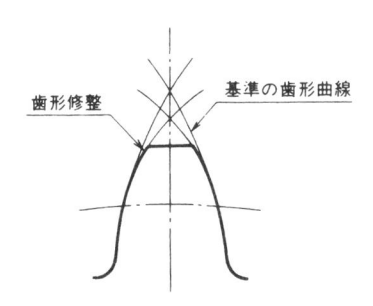

図 18.6 歯 形 修 整[4]

大歯車それぞれに行うこともありますが，片方の歯車の歯先と歯元を修整して，他方の歯車は無修整の場合もあります．この場合も小歯車に施すことが多いようです．

これらは，本書の図 26.2(196 ページ)，図 26.3(199 ページ)を参照してください．

さて，すべての歯車にクラウニングやエンドリリーフや歯形修整を施さなければならないでしょうか．実は，機械には"なじみ"というものがあります．それは，初めは軽負荷，つまりかかる力を小さくした状態で運転してやると，対偶がお互いになじんで来ることをいい，機械の運転の初期には必ずやることです．それがすんだら，通常の運転を行うわけです．

歯車の場合，その材料が比較的軟らかいものでしたら，かどで強く当たった部分は変形するか，摩耗するかして，当たりのよい状態に歯車自体がするのです．このようになじみ運転で歯の当たりが得られるときは，クラウニングなどの特殊な加工は不要になります．

ところが，大きな力を受けつつ高速回転する歯車は，おそらく材料は高炭素鋼または合金鋼（特殊鋼）を用い，焼入焼戻しを行ってそのあと研削加工で仕上げるという方法をとりますから，歯は硬くて丈夫なものとなっているので，なじんでくれないのです．このようなときにクラウニングまたはエンドリリーフ，それに歯形修整が必要となるのです．

引 用 文 献

1)＊ JIS B 0102(1988) 歯車用語，p. 36，図 13105
2) 桑田浩志編 (2000)：機械製図マニュアル 2000 年版，図 23.4
3) 文献 1)，p. 36，図 13106
4) 文献 1)，p. 36，図 13104
　＊は，旧 JIS

19. 歯車の強さはどうでしょう

19.1 もとになることがら

（1） 応力とひずみ

図 19.1 のように金属の棒の両方の端を W という力で引っ張ります．そうすると棒はごくわずか伸び，そのかわり太さはこれもほんのわずか細くなります．この伸びの量を λ（ラムダ）としましょう．棒の中には外からの力 W と大きさが同じで向きが違う力が生じて W と釣り合います．この棒の中に生じて外からの力に釣り合っている力を内力といいます．

この内力を棒のはじめの断面積 A で割ったものを応力 σ（シグマ）といいます．内力と外力は，方向は逆ですが，値が同じですから，

$$\sigma = \frac{W}{A} \tag{19.1}$$

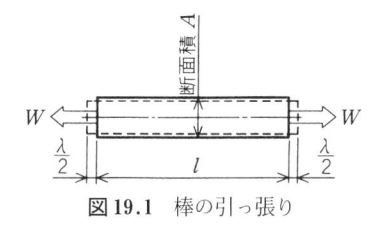

図 19.1 棒の引っ張り

と書けます.一方,伸び λ(ラムダ)を棒のもとの長さ l で割ったものをひずみ ε(イプシロン)といい,

$$\varepsilon = \frac{\lambda}{l} \tag{19.2}$$

となります.

応力 σ は,単位面積($1\,mm^2$, $1\,cm^2$, $1\,m^2$ など)当たりの棒の材料の中に生じた内力ですから,棒の太さ,つまり断面積に関係なく発生した力を比べることができます.

また,ひずみ ε は,伸びの量ともとの長さの割合ですから,棒の長さに関係なく伸びを比べることができます.

縦軸に応力を,横軸にひずみをとって描いたグラフを"応力-ひずみ線図"といい,材料の強さを知るための基本となるものです.

図 19.2 に比較的軟らかい鉄鋼材料の応力-ひずみ線図を示します.この図で,応力 0 のときはひずみも当然 0 です.少しずつ力を加えて行くと応力が増し,それにつれてひずみも増します.そして,σ_P までは応力とひずみは傾きが急ですけれども直線に描かれていますね.これは,応力とひずみは正比例の関係にあるわけで,σ_P を比例限度といいます.この関係は,発見した学者の名前から,"フッ

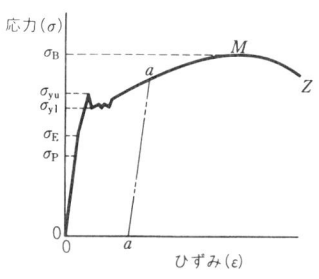

図 19.2 応力-ひずみ線図

クの法則"といいます．線図のこの範囲の線（直線）の傾きは，比例定数を表しますが，この比例定数を，縦の弾性係数 E といいます．したがって，σ と ε は比例し，比例定数 E ですから，

$$\sigma = E \times \varepsilon \tag{19.3}$$

と書けます．

 さて，応力が σ_P を超えると，傾きが少し変わり，弾性限度 σ_E になります．ここまでは，力を減らしていってもいままでの線どおりの道すじを通って応力もひずみも0まで戻ります．

 弾性限度を超えて応力を増すと線がギザギザになる（降伏点といいます）ところを過ぎ，線は曲線となります．このあたりでは応力を0に戻してもいままでの線どおりの道すじを通らずに a–a の経路を通ります．つまり応力は0に戻ってもひずみは残ります．ひずみは，変形と考えられますから，変形が残ります．このような変形を塑性変形といいます．自動車の車体などをプレスで押して形をつくるのはこのへんでしょう．もし弾性限度以下で押していたら，力を除いたとたんにもとの平らな板に戻ってしまうでしょう．ものをつくる上では，塑性変形があることは金属の大切な性質の一つです．

 応力が一番大きなところ σ_B（引張強さといいます）からは応力が減ってもひずみは増えるというところを経て，ついには Z で切れてしまいます．"応力が減っても"とは，このときの応力は外から加えた力を棒の元の断面積で表したからで，このころは棒は細くなって，実際の断面積はかなり小さくなっています．

 このようなことを調べることを材料の機械試験といい，いろいろな材料について世界中の研究者が取り組んでいます．材料の機械試験は，今までお話した引張試験のほかに，曲げ試験，衝撃試験，疲れ試験などがあり，多くの研究結果が蓄えられています．

 なお，図19.2は，比較的軟らかい鉄鋼材料のもので，もっと硬

い材料,特に焼入れなどを行って硬くした材料のときは,降伏点がはっきり表れないなど,違った形になります.非鉄金属のものも違った形になります.

(2) 曲げモーメントと曲げ応力

図19.3のように棒の長手方向の軸線に直角に力を受ける部材を"はり"といい,棒の一方の端が固定され,ほかの端が自由なはりを片持ちはりと呼んでいます.今,自由な端に力 W が加わったとして,力が加わった点から固定した端に向かって長さ x をとります.このとき,力と長さを掛けたものを曲げモーメント M といい,

$$M = W \times x \tag{19.4}$$

です.曲げモーメントが最大になるところは,x がはりの全長 l と等しくなったところ,つまり $x=l$ で,固定された端です.したがって,最大曲げモーメント M_{max} は,

$$M_{max} = W \times l \tag{19.5}$$

です.

図19.3のような場合,はりに曲げモーメントが作用すると,はりは,破線で示したように上に凸になるように曲げられます.そしてはりの上側は引っ張られ,下側は圧縮されます.それでそれぞれ引張の応力と圧縮の応力が生じます.はりの高さ方向の中央には,引張応力も圧縮応力も生じない中立面があります.はりの高さ方向

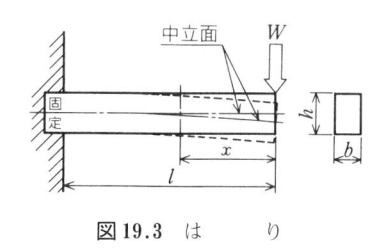

図 19.3 は　　　　り

のそれぞれの位置で生じる応力と中立面からその位置までの距離を掛けて加え合わせたモーメントと，外からの力による曲げモーメントが釣り合っているのです．

　図19.4は，はりの断面を示したもので，幅b，高さhの長方形としましょう．中立面と断面でできる線を中立軸といい，ここでは応力は0です．そして高さ方向に上に行けば引張応力がだんだん大きくなり，下に行けば圧縮応力がだんだん大きくなります．応力が一番大きくなるのは，上の面または下の面です．ですから，はりは上か下の表面からこわれることになります．

　さて，この表面の応力（曲げ応力σ_b）を求める方法は，途中にいろいろなことがあるのですが，曲げモーメントMを断面係数Zで割ったものとなり，断面係数Zというものは，はりの断面の形と寸法によって定まるものです．長方形断面の場合，幅をb，高さをhとすれば，

$$Z = \frac{b \times h^2}{6} \tag{19.6}$$

なのです．ですから，

$$\sigma_b = \frac{M}{Z} = \frac{6 \times M}{b \times h^2} \tag{19.7}$$

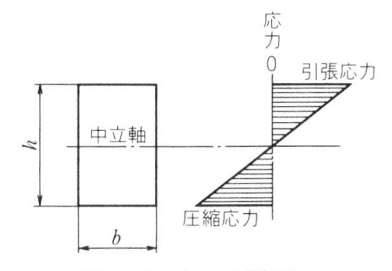

図 19.4 はりの断面

一番大きな応力は，最大曲げモーメントを用いて，

$$\sigma_{bmax} = \frac{M_{max}}{Z} = \frac{6 \times M_{max}}{b \times h^2} = \frac{6 \times P \times l}{b \times h^2} \tag{19.8}$$

となります．

（3） 接触応力

　机の上にテニスのボールを置いて真上から力をかけてみましょう．ボールの机と接している部分は，机にならって平になった部分ができ，面積ができて力を支えます．このとき，ボールは机に比べて各段に軟らかいので，ボールだけに平らな部分ができたように見えますが，詳しくは，机もまたごくわずか凹んでいるのです．そして，この力によって形が変わったための応力が，弾性限度 σ_E 以下だったら，力を取り除けば，ボールも机ももとの形に戻ります．このような形の変わり方を弾性変形といいます．このようなことは，道路とタイヤの間などにも見られます．

　いま，お話したボールと机は玉と平面，タイヤと道路は円筒と平面の関係ですね（完全ではありませんが）．

　このような，曲面と平面または曲面と曲面が接してそこに力が加わったときに，どれだけの応力が生ずるかを解いたのが，ヘルツ先生です．ですから，このような接触をして力が加わったときに生ずる応力を"ヘルツ応力"といい，それを解く公式を"ヘルツの式"といいます．

　このヘルツの式は，歯車の歯の接触や玉軸受（ボールベアリング）やころ軸受（ローラベアリング）の玉，ころと軸受の外輪や内輪の関係や，電車の車輪とレールの関係などにも応用されています．

　ヘルツの式は，ちょっと複雑ですし，もっと，もとになることからお話を始めなければならないので，ここでは省くことにします．

（4） 材料の疲れ強さと安全率

19. 歯車の強さ

"金属疲労"という言葉をご存知でしょうか．材料に力を加えて0に戻すということを繰り返すことを片振動荷重を加えるといい，材料に力を加え0に戻して，さらにマイナスの力（引張をプラス，圧縮をマイナスというふうに考えます．曲げの方向を変えることやねじりの方向を変えることなどです）を加えて0に戻すということを繰り返すことを両振動荷重を加えるといいます．

このような片振動荷重や両振動荷重を材料に加えると，静荷重（一方向にゆっくり力を加えること，図19.2は静荷重のときのものです）のときの強さよりも小さな応力でこわれます．これを材料の疲れ（疲労）と呼んでいます．

図19.5は，縦軸に応力を，横軸に振動荷重の繰返し数を対数目盛りでとったグラフで，S-N線図というものです．この図は，鉄鋼材料2種類のものですが，この場合，繰り返し数が10^7回（1000

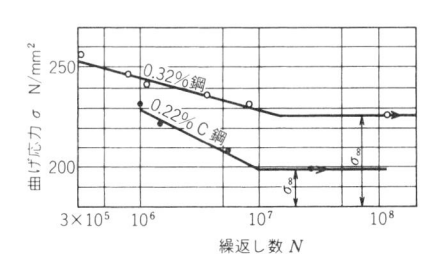

図19.5 鉄鋼材料のS-N線図

繰り返し数について：たとえば，3000 rpm（毎分3000回転）のモータに取り付けられた歯車の歯は，1分間に3000回かみあいを行います．したがって，1時間には180000回，1日8時間運転するとして，1日1440000回，10^7回に達するには$10^7/1440000=6.9$日となって，約1週間です．機械は，1週間でこわれては困ります．少なくとも10年間，機械によっては30〜50年間働くものでありたいのです．

万回)付近で線が水平になっており,その応力 σ_∞ を疲れ限度といって,それ以下の応力ならば,永久にこわれないということです.

鉄鋼材料は,このように斜めの線と水平な線がはっきりし,それらの交点つまり折れ曲がりの点もはっきりしていますが,非鉄金属の場合は,それらがはっきりしないのが普通です.この疲労限度も材料ごとにたくさんの実験結果が蓄えられています.

また,形が急に変わるところ,たとえば,歯車の歯底の小さな丸みの部分などには,応力が大きくなる現象があり,これを応力の集中といいます.

これらのことから,用いる材料に生じる応力をどれだけ以下にすればよいかがわかるのですが,まだわかっていないことがらや,加わる力も思いがけない力になることもあるので,さらに安全を見込む必要があります.これを安全率といいます.

19.2　歯の曲げ強さの考え方

歯車の歯は,図19.6に示すように,一端が固定され,他の端が自由な片持ちはりと考えることができます.片持ちはりのことは,19.1節(2)でお話しました.

その続きなのですが,曲げモーメント M は,式(19.4)によれば,力がかかっている点からのはりの長手方向の長さ x により変わります.また,長方形の断面係数 Z は,式(19.6)の形で,はりの断面の幅 b と高さ h によって変わります.さらに,はりに発生する応力 σ は,式(19.7)から曲げモーメント M を断面係数 Z で割ったものでした.ですから,断面が一様な片持ちはりの一番大きな応力 σ_{max} は,式(19.8)のように,$x=l$,つまり固定した端で生ずるのです.

そこで,力がかかった点からの長さ x が変わる,つまり曲げモー

19. 歯車の強さ

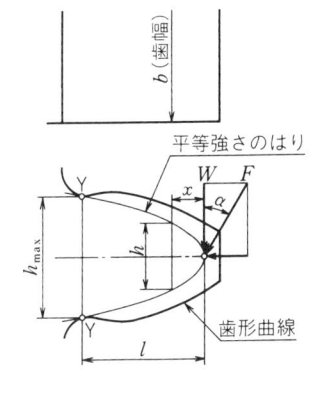

図 19.6 歯車の歯の曲げ

メント M が変わるにつれて，断面係数 Z を変えてやり，つまり断面の幅 b または高さ h のどちらかを変えてやることによって，長さ方向の位置に関係なく，どの断面も等しい応力が生ずるようにはできないでしょうか．やってみましょう．

図 19.6 の平面図にあるように，歯車の歯の幅は変えることができませんので，高さ h を変えることにします．

式(19.4)と式(19.7)から，

$$\sigma_b = \frac{M}{Z} = \frac{6 \times M}{b \times h^2} = \frac{6 \times W \times x}{b \times h^2} = 一定 \tag{19.9}$$

ここで，変わらない値をまとめて，

$$\frac{6 \times W}{b} = k$$

としましょう．そうすると，

$$\sigma_b = k \times \frac{x}{h^2} = 一定$$

となり，これから x が変われば，h をどのように変えればよいかを求めましょう．

$$\frac{x}{h^2}=\frac{\sigma_\mathrm{b}}{k}$$

$$x=\frac{\sigma_\mathrm{b}}{k}\times h^2$$

ここで，k をもとの表し方に戻すと，

$$x=\frac{b\times\sigma_\mathrm{b}}{6\times W}\times h^2 \tag{19.10}$$

となります．これは，x は h の2乗に比例するということで，x は h の二次関数であるともいいます．

このように，長さ方向によって生ずる応力を等しくするように断面の寸法を変えたはりを平等強さのはりといいます．

二次関数のグラフ（二次曲線）は，放物線を描きますから，それを歯車の歯に描いてやります．それを図 19.6 に示しますが，この場合，歯の中心線の上の力のかかる点を頂点として，歯の根元の小さな曲線に接する放物線とします．このようにすると，放物線の内側は，平等強さのはりとなり，その外側の部分は，余分な強さを持つことになりますが，歯の外側の曲線は歯のかみあいのために必要な形ですからこれを変えることはできません．

そして，歯の根元の曲線に放物線が接した所は，余分な強さを持たないわけで，図 19.6 の Y-Y で示した断面が，歯の一番弱いところで，最弱断面といいます．

平等強さのはりで，x と h の関係を求めました．歯車の場合，b は変えられなかったからです．それでは，x と b の関係を求めてごらんなさい．b が直線的に変化する三角形のはりになるはずです．これは板ばねなどに応用されています．

なお，歯の根元の小さな曲線は，まっすぐな棒に歯を切ったラックの場合は円弧になりますが，円板に歯を切った普通の歯車は特別な曲線になります．

この最弱断面のはりとしての幅と高さ，そして，加わる力の大きさと位置，材料の強さなどが，歯車の曲げ強さを求めるもとになります．

19.3 歯面強さの考え方

一対の歯車の歯と歯が接触して力を伝えるときの歯の面に生じる接触応力は，19.1 節（3）でお話したヘルツ応力によるのがもととなります．

歯車の歯の接触は，歯車の種類によって変わりますが，平歯車の場合は，図 19.7 のように円筒と円筒の接触として考えるのがもととなっています．歯車の歯形の曲線は，円ではありませんでしたね．でも接触している幅がごく小さいので，その部分は円弧（円の一

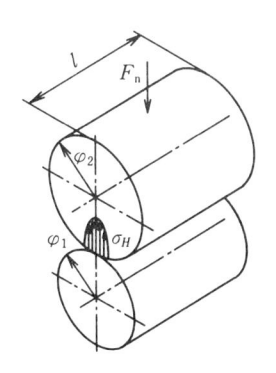

図 19.7 円筒と円筒の接触

部）と考えてよいのです．

19.4　スコーリング強さ

歯車を運転しているとき，歯の面に加わる力が大きくなり，また，早く回転すると，歯の面と歯の面の間にある潤滑油が押し出されてなくなってしまい，金属と金属が直接当たります（油潤滑とは，物と物との間にごく薄い油があってこれですべすべするのです）．それにわずかな滑りが加わると，歯の面にひっかき傷のような傷ができたり，歯の面の温度がとても高くなって小さい一部分が溶けてくっつき，それが引きはがされるために傷ができたりします．このようなことをスコーリングといい，これを起こさないようにしなければなりません．

19.5　歯車の強さを計算するいろいろなやり方

歯車の強さを計算するやり方は，昔から多くの方法が発表され，用いられてきました．それらは，研究した人が論文に書いた式，学会や協会で定めた式，歯車のメーカーの規定，国の規格などのいろいろな形で発表されており，それぞれが特徴を持ったものとなっています．

現在，わが国では，統一した歯車の強さを計算するやり方が定められていません．国際的には，ISO の規格案（DIS といいます）としてはありますが，正式な ISO 規格となるのはあとしばらくかかるようです．

したがって，従来は便宜的にルイスの式，BS（イギリス国家規格）の式，MAAG 社の式，AGMA（アメリカ歯車工業会規格）の

19. 歯車の強さ

式，LR（ロイド船級協会）の式，ニーマンの式，DIN（ドイツ国家規格）の式，日本機械学会機械工学便覧の式，日本機械学会分科会の式，JGMA（日本歯車工業会規格）の式などが，その歯車を用いる機械の機種ごとに選ばれ，用いられてきました．

このように歯車の強さの計算式がたくさんあるのは，歯形の計算のように幾何学的に定まってしまうものではなく，材料，熱処理，工作法，潤滑法，支持法などの改良，さらに，大きな動力を伝えたいこと，より速い回転数で回したいこと，騒音を出さないこと，小形で軽いことなどの社会の要請をも加えた多くの経験を含んでいるので，技術の進歩ともあいまって多くの計算式が発表されてきましたし，これからも発表されることと思われます．

上に述べた計算式の中には，あまりにも古典的で，安全過ぎるものがあったり，現在では当然考えに入れなければならないことがらが省略されていたり，最近のものはたいへん難しく，計算にかなりの時間がかかるものなどがあります．また，外国の式では，その国で制定している歯形や転位方式，材料などにしか適用できないもの

もあります．

　この中で，私がしばらく前から使っている式に，日本歯車工業会規格 JGMA 6101-01 "平歯車及びはすば歯車の曲げ強さ計算式" と JGMA 6102-01 "平歯車及びはすば歯車の歯面強さ計算式" があります．これらの式は，

① 国際規格（ISO）案（DIS）にならっています．
② 圧力角が3種類，歯たけ4種類及び工具刃先の丸み（標準基準ラック歯形の歯元の丸み）6種類のいろいろな歯形に用いることができます．
③ 曲げ強さについては，歯幅の考え方，複合歯形係数，かみあい率係数，ねじれ角係数，使用係数，動荷重係数，歯すじ荷重分布係数，正面荷重分布係数，寿命係数，寸法係数，相対表面状態係数，切欠き感度係数，総合安全率が考慮され，それぞれの指針が述べられていて曲げ応力が算出できます．
④ 歯面強さについては，歯幅の考え方，領域係数，材料定数係数，かみあい率係数，ねじれ角係数，潤滑油係数，潤滑速度係数，歯面粗さ係数，寸法係数，硬さ係数，寿命係数，使用係数，動荷重係数，歯すじ荷重分布係数，正面荷重分布係数，総合安全率が考慮され，ヘルツ応力が算出できます．
⑤ 曲げ強さ，歯面強さともに JIS に規定されている歯車用材料の許容限度が示されていて使いやすいのです．

というよい面をもっています．ただし，スコーリング強さについてはやや不足のように感じます．上にお話したいろいろな係数の説明は，紙面の都合から省略します．詳しくは JGMA の規格を調べてください．

　前にもお話したように，歯車の強さの計算は，その歯車が用いられる機械の機種ごとに，あるいは会社ごとに，違う式を使っている

のが普通です．大切なことは，1種類の計算式を用いて計算し，過去の実績と比較できるようにすることです．たくさんの計算式をあれこれ使うと，式の成り立ちが少しずつ違いますから，おおまかな傾向は違わないにしても微妙なことになると比較はむりになります．できれば，複数の式で過去の製品から計算し，この式の場合はこう，あの式の場合はこうという比較を行うのがよいと思います．

　歯車に限りませんが，機械は過去に学びましょう．自分からすべてをはじめようとすることは，できることではありませんし，それは思い上がりというものです．

20. 歯車の材料は何を用いれば よいでしょう

　歯車の材料は，他の機械要素と同様にいろいろな金属材料と非金属材料が用いられます．そのうち，圧倒的に多く用いられるものが金属材料のうちの鉄鋼材料です．これは，鉄鉱石が地球上にたくさんあって，それからつくられる鉄鋼材料が安価に手に入ること，比較的強いこと，形をつくるための加工がしやすいこと，熱処理といって熱したり冷やしたりすることによって性質が変わり適当な性質を得ることができることなどのよい点を持っているからです．一方，鉄鋼材料の悪い点は，比較的重いこと，大気中でも酸化してさびやすいことなどがあります．

　それでは，現在多く用いられている歯車用材料の一般的なことがらについてお話しましょう．

20.1　鋳鉄及び鋳鋼品

　鋳造品（鋳物）を知っていますか．砂やいろいろな材料で型をつくっておき，それに炉で熱して溶かした金属を流し込み，冷まして固まらせ，かたちを作る方法です．鉄瓶や釣り鐘や鎌倉の大仏様などは鋳物でできています．

　鉄という元素は，もともと炭素とくっつきやすく，純鉄をつくるのが大変なくらいの金属です．鋳鉄は，比較的多くの炭素［2.00〜6.67％（重さの比）］を含んでいて，比較的低い温度で溶けます．

したがって鉄鋼材料の中では鋳造がやりやすい材料です．鋳鉄にはねずみ鋳鉄（破断面がねずみ色をしています）があり，この材料は，圧縮には強いのですが引っ張りには弱く，もろい材料です．

鋳鉄の仲間に球状黒鉛鋳鉄というものがあります．ねずみ鋳鉄は，炭素が薄い板の破片のような形で含まれていて，その炭素の層を伝わって割れるわけで，もろいのです．その炭素を小さな球にして炭素を伝わって割れることを防いだ材料です．

鋳鋼は，炭素を含んでいる量が 0.5％以下のもので，溶ける温度が高く，鋳造はやりにくいのですが，鋳鉄に比べてもろくなく粘り強い材料です．

20.2 機械構造用炭素鋼鋼材

機械構造用炭素鋼鋼材は，高炉（溶鉱炉）で鉄鉱石と石灰石から銑鉄をつくり，次に転炉で酸素を吹き込んで炭素と不純物を取り除き，さらに脱酸剤という特別な薬品で鉄の中の炭素と酸素からできた炭酸ガスを抜いて固まらせたもののうちの不純物のごく少ない部分（キルド鋼といいます）の上質な鋼でつくられています．

この鋼材は，炭素が 0.07～0.61％含まれている亜共析鋼といわ

炭素鋼鋼材の中には，キルド鋼のほかにリムド鋼があります．これは，炭酸ガスの気泡が少し残ったものですが，鋼の板や形鋼（断面がL形やI形などをした鋼材）に用いられ，その形をつくるときの圧延機で強く圧縮されるので，気泡の影響は少なくなります．この鋼材を一般構造用炭素鋼鋼材といって区別しています．

鋼材の中の炭素の量は，溶接にも関係しています．普通の溶接は，炭素の量が 0.25％以下くらい，それ以上の炭素を含んだ鋼材は，溶接すると割れます．特別な溶接をすれば別です．ですから溶接でできている船体などは，炭素の少ない鋼材を用いています．

20. 歯車の材料

れるもので，炭素が含まれている量によってたくさんの種類があります．そして，炭素が0.23％くらいから以下のものは，浸炭焼入れ（はだ焼き）に用い，炭素が0.40％くらいから以上のものは，ずぶ焼入れや高周波焼入れに用いるのです．

　鉄鋼材料は，熱処理といって，熱したり（溶けるほどではなく），冷やしたり，またそれらの温度を変える速さによって，硬くなったり，粘り強くなったり目的に合った性質を持たせることができます．これは，鉄鋼材料のたいへん使いよいことの一つです．

　さて，焼入れという熱処理は，鋼を熱してから水や油の中で急に冷やしてやることにより，硬くすることをいいます．ゆっくり冷やせば鋼の中の状態（組織といいます）をゆっくり変えることができますが，急に冷やすことでその変化が中途で止まってしまい，硬くなるのです．この焼入れは，鋼に含まれている炭素の量に関係があり，炭素が少ないと焼きが入りません．

　ずぶ焼入れというのは，歯車などを炭素の多い鋼材でつくり，それをそのまま炉に入れて熱して，水や油に入れて急に冷やすことをいいます．ただし，水で焼入れをしてカチンカチンに硬くすると，とてももろくなり，ときには自然に割れてしまう（焼き割れといいます）こともあり，油で冷やすと水で冷やすよりゆっくり冷え，少しはよくなります．

　一度焼きを入れた鋼を，もう一度熱して（焼入れのときよりも低い温度で）炉の中などで，ゆっくり冷やしてやります．これを焼戻しといい，硬さは少し減りますが，もろくない粘り強い性質になります．

　歯車などでは，焼きを入れたら焼戻しをするという，"焼入焼戻し" という言葉で表すように組み合わせた仕事と考えています．

　高周波焼入れというのは，やはり炭素の多い鋼材でつくった歯車

などの周りをコイルで囲み，コイルに高周波電流を流すと，歯車などの中には渦電流が発生して抵抗のために歯車などの温度を上げます．ただし，温度が上がるのは表面に近いところだけなので，表面が焼入れの温度に達して急に冷やしても温度が高かったところ，つまり表面から浅い部分だけが焼きが入り，中のほうは焼入れ温度にならなかったので焼きは入りません．したがって，歯車の歯の面は硬くなり，相手の歯との接触による強さが増します．一方，歯の中のほうは，焼きが入らなかったので曲げ応力に耐える粘り強さも持つことになります．このときも焼戻しを行います．そうしないと，もろい焼きの入った部分だけがこわれてしまうことがあるからです．すなわち，高周波焼入焼戻しをするわけです．

　このような表面だけを硬くする方法を，表面硬化法といいます．

　浸炭焼入れは，表面硬化法の一つで，焼きが入らない炭素の量が少ない鋼材を用い，歯車などをつくります．そのあとそれを密閉した箱に炭素とともに入れて，炉で熱すると，歯車などの表面から炭素がしみ込んで行きます．表面からある深さまで焼きが入る炭素の量に達したとき，箱から取り出して，再び熱して焼きを入れると，炭素がしみ込んだ表面の部分だけが硬くなり，内部は焼きが入らない粘り強いままになるというわけです．

　なお，箱の中に入れる炭素が，固形のときは固形浸炭，ガスのときはガス浸炭といいます．

　この焼入れは，表面だけを，つまり"はだ"だけを焼入れするということから，はだ焼きともいわれ，表面硬化法の一種です．

　また，これも焼戻しを行い，浸炭焼入焼戻しとしています．

　浸炭焼入焼戻しが確実に行われているかどうかを調べるためには，その歯車のモジュールの2倍程度の直径の丸棒を同じ材料から2本切り出し，浸炭焼入焼戻し，つまり熱処理を歯車と同時に行って，

冷えたら1本を引張試験や衝撃試験を行い，もう1本は，切断して磨き，金属顕微鏡で組織を見ることと，マイクロビッカース硬度計という硬さを測る計器で表面から内側への硬さがどうなっているかを調べて確認します．

20.3　機械構造用合金鋼鋼材

　質のよいキルド鋼にいろいろな役に立つ元素を加えた鋼材を合金鋼または特殊鋼といい，加えた元素の名前を先に付けて呼びます．

　歯車に用いる合金鋼は，ずぶ焼入れ用または高周波焼入れ用として，マンガン鋼，クロムモリブデン鋼，ニッケルクロム鋼，ニッケルクロムモリブデン鋼，アルミニウムクロムモリブデン鋼などがあります．また，浸炭焼入れ（はだ焼き）用としては，クロム鋼，クロムモリブデン鋼，ニッケルクロム鋼，ニッケルクロムモリブデン鋼などがあります．

　これらの加えた元素は，強くするもの，硬くするもの，減らないようにするもの，焼戻し温度を高くしても軟らかくならないものなどに役立ちますが，地球上に少ない元素を用いることと，難しい技術によってつくられるので，それだけ値段の高い材料になります．

　なお，たくさんつくられる自動車用の歯車にはクロムモリブデン鋼が多く用いられ，新幹線をはじめとする電車の小さいほうの歯車にはニッケルクロムモリブデン鋼が用いられています．

　これらの元素の量は，数パーセント以下で，その含まれる量によって，たくさんの種類があり，それぞれの目的によって使い分けられています．

　また，これらの元素を含むことによって，炭素のかわりになって焼きが入りやすくなり，その分炭素の量が少なくてすみます．これ

を炭素当量といいます．

これらの機械構造用合金鋼は，一般に機械構造用炭素鋼に比べて改良されたものですし，大きな寸法のものを焼入れしたとき内部まで硬く強くならない性質（これを質量効果といいます）が少ない高級な歯車の材料として多く用いられていますが，加工や熱処理には難しい技術が必要です．

20.4 非鉄金属材料

鉄を含まないか，あるいは鉄がごく少ない金属を非鉄金属といいます．歯車の材料として用いられる非鉄金属は，銅を主成分とする銅合金が多いのです．ただし，銅そのものは軟らかくてねばねばしているので用いません．

銅と亜鉛の合金を黄銅といいます（真鍮(しんちゅう)ともいいます）．黄銅材は，すでに板や棒になっているものから削って歯車にするものと，鋳造して形をつくり，それを加工するものとがあります．板や棒からつくる歯車は，比較的小さなもので，鋳物からつくるのは大形の歯車です．

銅合金で鋳造される材料には，黄銅鋳物，それにアルミニウムや鉄やマンガンなどを加えた高力黄銅鋳物，銅とすずの合金である青銅鋳物，銅とすずとりんの合金であるりん青銅鋳物，銅とアルミニウムと鉄の合金であるアルミニウム青銅鋳物などがあり，それぞれの目的によって使い分けられています．

これらのうち，黄銅は普通に多く用いられ，力が強くかかるとき

青銅という材料は，鋳造がやりやすく，昔から用いられてきました．釣り鐘や鎌倉の大仏様は青銅でつくられています．昔，大砲もつくったので砲金ともいわれます．

は高力黄銅が，すべりあいが多い歯車（ウォームホイールなど）のときは青銅やアルミニウム青銅が用いられます．もともと青銅はすべり軸受の材料として多く用いられてきており，摩耗に強いのです．

　これらの非鉄金属材料は，それぞれよい面をもっているのですが，強さの点でいえば，鉄鋼材料，特に焼入れをした鉄鋼材料にはかないません．

20.5 非金属材料

　金属でない材料を非金属材料といいます．金属材料が手に入らない，またはそれの加工することができなかった時代には，木製の歯車が用いられていました．今でも古い水車小屋やそれを復元したものでは木でできた歯車を見ることができます．しかし，現代では歯車の材料として木材が用いられることは，ほとんどないと思います．そのかわり，各種のプラスチックが多く用いられています．

　プラスチックでできた歯車のよい面は，①油をささないでも運転

できます．ですから油で汚れてはいけないところで使えます．②材料そのものがさびません．③急に力がかかったとき（衝撃荷重といいます）それを軟らかく受け止めてくれます．ですからガチャガチャ音をたてることがありません．④型で大量につくるのに具合のよい材料です．

　また，プラスチック歯車の劣る点は，①金属材料に比べて弱いことです．②温度の高いところでは使えません．③材料の強さがはっきりしない点があり，動力を伝える歯車に用いるには今のところ問題がありそうです．

　でも，そのよい点を利用した自動車用装備品や家庭電気品，それに模型やおもちゃなどに多く用いられていることはご存知でしょう．

　なお，プラスチックには，熱を加えると軟らかくなって形をつくることができる熱可塑性プラスチックと，粉末の材料を型に入れ，圧縮しながら熱を加えると硬くなる熱硬化性プラスチックがあります．たくさんの歯車を短い時間でつくるには，熱可塑性プラスチックが用いられます．

　将来は，とても硬くて熱にも強いセラミックスなども用いられることになるでしょう．

21. 歯車のつくり方

21.1 鋳造または打ち抜きのままのもの

　いろいろな材料で型をつくり，それに熱で溶かした金属を流し入れ，冷やして固まらせて形をつくる方法を鋳造といいます．また，打ち抜きは，歯車などの形をした工具をプレスという機械に取り付けて大きな力で金属の板を切り，抜き取ることをいいます．歯車をこの鋳造や打ち抜きでつくり，歯も機械で削らないでそのままで用いることがあります．今まではこのようなつくり方をした歯車は，回転数もトルクも小さく，精度もあまりよくなくてもすむようなときに用いられてきました．

　しかし，現在は鋳造にはインベストメント法などの精密鋳造法も用いられていますし，打ち抜きの精度もよくなっています．さらにはワイヤカット法という放電を利用して複雑で精密な形を切り取って行く加工方法もあります．これからは，このような方法で歯車をつくり，工作機械で削らなくともよいものがたくさん作られていくようになるかも知れません．

21.2 歯車の歯溝を削り取っていく方法

　この方法は，前もって旋盤などの工作機械で歯の部分を除いた加工をすませておきます．この状態の歯車の材料をギヤブランクとい

います．これに歯溝を削り取って歯をつくってやるわけですが，その方法にはいろいろあります．なお，歯溝を削り取ることを歯切り法といいます．歯切り法を分けてみましょう．

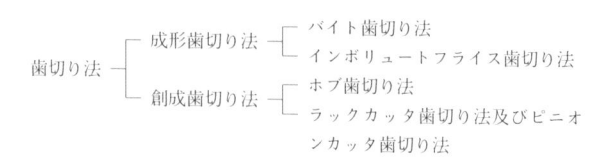

```
              ┌ 成形歯切り法 ┬ バイト歯切り法
歯切り法 ─┤              └ インボリュートフライス歯切り法
              └ 創成歯切り法 ┬ ホブ歯切り法
                             └ ラックカッタ歯切り法及びピニオ
                               ンカッタ歯切り法
```

ここで，成形歯切り法のうち，バイト歯切り法は，図21.1のようなその歯車の歯溝ぴったりのバイト（1本の棒のような形をした工具で，その片方を研いで刃としてあります．主として旋盤などで用いられます）を図21.2のような横フライス盤という工作機械の主軸（アーバ）に取り付けて回転させ歯溝を切ります．そしてその隣の歯溝を切るときは，割り出し装置という正確に角度を出せる装置を使って一歯溝ずつ削って行きます．

また，インボリュートフライス歯切り法は，図21.3のようなフライスという回りにたくさんの刃がある円形の工具をやはり横フライス盤に取り付けて一歯溝ずつ削って行く方法です．これらは，モジュールや圧力角が同じでも歯数によって歯形曲線が違いますから，歯数によって工具を取り替える必要があります．

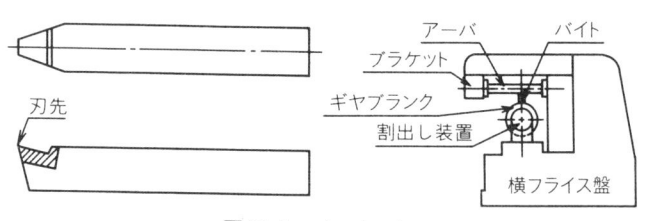

図21.1 バイト

21. 歯車のつくり方

　一方，創成歯切り法というのは，前に標準基準ラック歯形のお話をしましたね．その歯溝にぴったりの工具，つまり図 21.4 のような歯形曲線が直線のもので，削ろうとする歯車とは頂げきが 0 で歯元の丸みもついている工具をつくって，それでギヤブランクに歯溝を削って行きます．このときは，あたかも工具にかみ合うようにギ

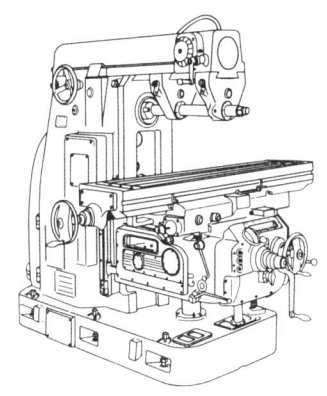

図 21.2　ひざ形横フライス盤[1]

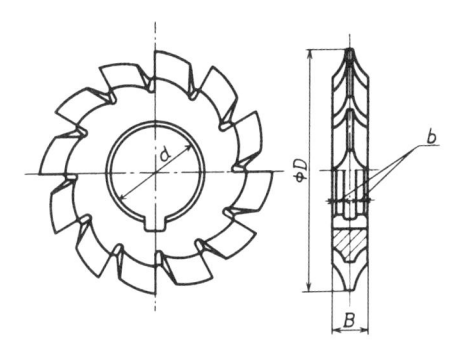

図 21.3　インボリュートフライス[2]

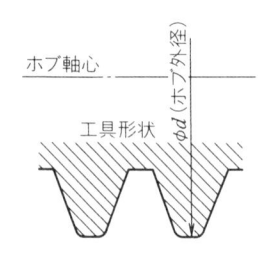

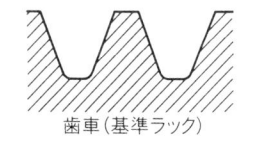

図 21.4　標準基準ラック歯形とラック工具

ヤブランクも回転してやります．このようにすると，連続的に歯溝が削られて行き，そして削られたあとの歯車の歯形曲線はインボリュート曲線になっているのです．

ここで，成形歯切り法は，現在ではごく小規模に歯車をつくるときにだけ用いられ，ほとんどの歯車が創成歯切り法でつくられています．それは，創成歯切り法のほうが精度のよい歯車をつくることができるし，一歯ずつではなく連続して歯切りができるので，歯車を速くつくることができ，生産性がよいのです．その代わり，専用の工作機械が必要となります．このことから，次は創成歯切り法のお話をしましょう．

（1）　**ホブ歯切り法**

ホブという工具は，図 21.5 のように，おねじ（ウォームと考えてもよいです）のつるまき線に直角または軸線に直角にいくつかの

21. 歯車のつくり方

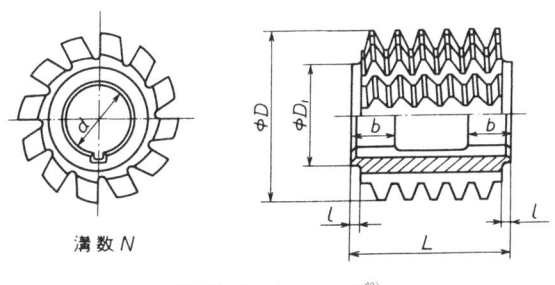

図 21.5 ホ　　　ブ[3]

切り込みをつくって，この切り込みによって刃をかたちづくったものです．そして，ねじの進み角*に直角な刃の形を図21.4のような削ろうとする歯車の標準基準ラック歯形の歯溝の形にしておきます．つまり，図21.4のラック工具の図の上のほうに横に中心線を引き，その中心線の周りに工具の形をおねじのようにして，それにいくつかの切り込みを入れて刃をつくったものなのです．

　このホブを用いて歯車を削るときは，図21.6のようなホブ盤という歯切り専門の工作機械を用います．

　ホブで平歯車を切るときは，ギヤブランクの軸心に直角な線に対してホブの進み角だけホブを傾けて取り付け，ホブを回転しますが，同時にギヤブランクは，歯幅の分だけ軸方向に移動させるとともにホブ1回転についてのリード分（歯車の円ピッチに等しい）だけ回

---

*　ねじの進み角：紙で円筒を1巻きする長さ（円周）を底辺とし，円筒が1回転したときの進む距離（リード）を垂線の長さとした直角三角形をつくります．その紙を円筒の外側に巻き付けて，三角形の斜辺にそってねじの山またはねじの谷をつくったのがおねじです．また，円筒形の穴の内側に三角の紙を張り付けて山または谷をつくったのがめねじです．そして，三角形の底辺と斜辺がなす角をねじの進み角といいます．

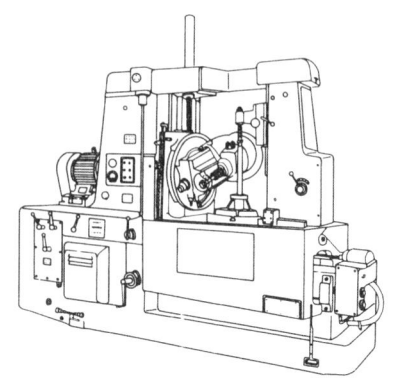

図 21.6　ホ　ブ　盤[1]

転させます．
　はすば歯車を切るときには，さらにねじれ角分を傾けてホブを取り付けます．
　（2）**ラックカッタ歯切り法**
　ラックカッタは，図 21.4 のようなラックの形をした棒のような形の工具で，この工具が歯すじ方向に運動し，これによって歯溝を切り取って行きます．そしてギヤブランクは，回転しながら工具にそって移動させればラックにかみ合った歯車として削られて行くのです．なお，ギヤブランクには回転だけをさせ，ラックカッタを長手方向に動かす方式のものもあります．
　このラックカッタを用いて歯切りを行うのには，歯車形削盤という工作機械によります．
　図 21.7 にラックカッタを示します．
　（3）**ピニオンカッタ歯切り法**
　ピニオンカッタは，図 21.4 のラックを丸めて平歯車のような形

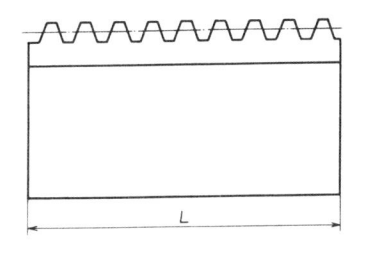

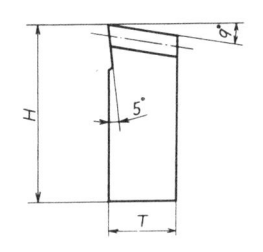

図 21.7 ラックカッタ[5]

にした工具で，この工具を歯すじ方向に運動をさせて歯溝を切って行きながら回転します．ギヤブランクのほうは，工具の回転に合わせて回転します．すなわち，相手の歯車によって削られて行くと考えてもよいでしょう．

この方法は，別の歯車にホブが当たってホブ切りができないとき，内歯車を削るとき，ラックを削るときなどに用いられますが，そのほかに，ホブで仕上げる前の粗削りにも用いられているようです．

ピニオンカッタによる歯切りは，歯車形削り盤という工作機械によります．

図 21.8 にピニオンカッタを，図 21.9 に内歯車を削るときの様子を，図 21.10 に歯車形削り盤を示します．

21.3 歯車の仕上げ方法

前節でお話したホブ切り，ラックカッタ切り，ピニオンカッタ切りなどで歯溝を削り取っただけでも十分使える歯車になるものがあります．そのときは上の歯切り法を最終仕上げとしてよいわけです．

これからお話することは，上の歯切り方法では精度が不足すると

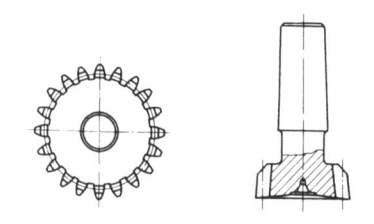

図 21.8　ピニオンカッタ[6]

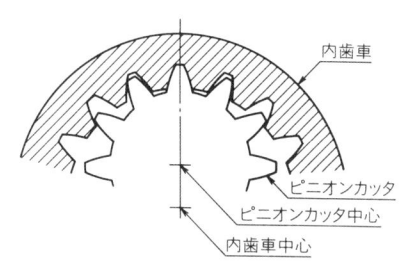

図 21.9　内歯車の歯切り

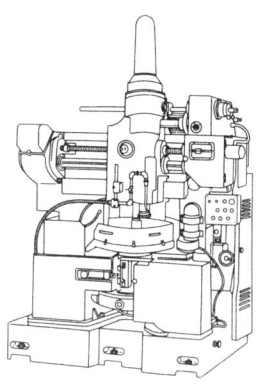

図 21.10　歯車形削り盤[7]

21. 歯車のつくり方

きや，歯の面がザラザラしている（表面粗さといいます）ときや，歯を焼入焼戻しなどによって歯面を硬くした歯車の最終仕上げのことです．

（1） シェービング仕上げ

シェービング仕上げは，仕上げようとする歯車にかみ合う歯車形の工具をかみ合わせて回転し，仕上げようとする歯車の歯面をごくわずかに削り取って仕上げる方法です．

この工具をシェービングカッタといいますが，シェービングカッタは図 21.11 のように，はすば歯車の形をしていて，その歯面の縦方向（歯たけ方向）にセレーション（細かいギザギザ）が切ってあり，硬い材料で精密につくられています．

仕上げようとする歯車にこのシェービングカッタをかみ合わせると，図 21.12 のようにカッタのねじれ角分だけ傾いてかみ合います．そしてそれらを回転しながらカッタを軸方向に動かします．それで仕上げようとする歯面がギザギザでこすられて仕上がるのです．

シェービング仕上げ前の歯車は，ホブ，ラックカッタ，ピニオンカッタなどで歯溝を削っておきますが，シェービングによる削り落とし分（ごくわずかです），これを仕上げ代といいますが，その分

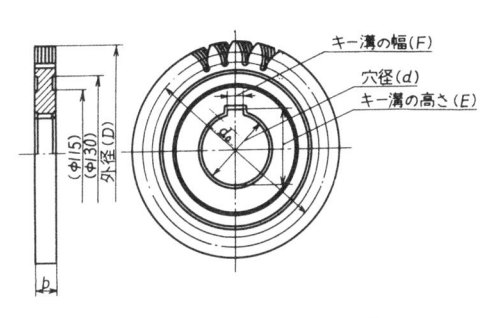

図 21.11 シェービングカッタ[8)]

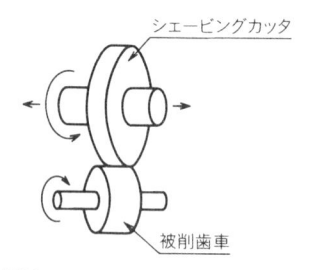

図 21.12 シェービング仕上げ

を残しておくのです．

(2) 研削仕上げ

ごく硬い物質の細かい粒を固めて，丸い形のと石をつくり，このと石を速く回転させながら仕上げようとする面に当ててやり，面を少しずつ削り取ることを研削といいます．そして，この研削を利用して歯車の歯を仕上げようとするのが，歯車の研削仕上げ，または，略して歯研といいます．と石の材料の粒が細かいとちょうど紙やすりで研いだように表面がつるつるになります．

歯車の仕上げに用いると石は，お皿のような形をしたもので，歯面には図 21.13 のようにあてられます．と石を回転させながら，仕上げようとする歯車の回転に合わせてと石を軸方向に動かしてやれば，と石と歯面が接触している点の動きがインボリュート曲線を描きます．すなわち，あたかもと石が歯がとびとびになったラック工具のような役目をして，仕上げようとする歯面にインボリュート曲線が創成されるわけです．また，と石または歯車を歯車の軸方向に歯幅の分だけ動かせば，歯面全体が仕上がります．

研削前の歯車は，シェービング仕上げでお話したように仕上げ代（この場合，研削代ともいいます）を残した加工を行います．特に

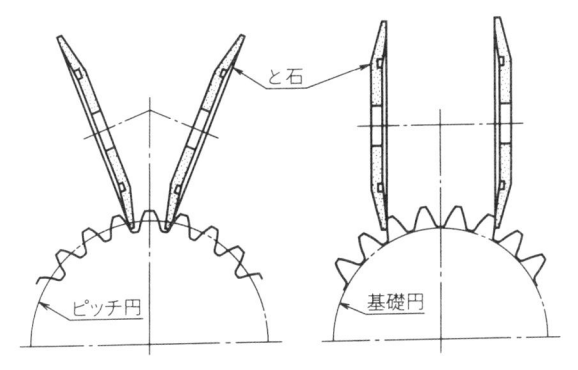

図 21.13 歯の研削仕上げ

　焼入焼戻しをして，歯面を硬くするものは，焼入れ前の軟らかいときにホブ切りなどを行い，そのあと焼入焼戻しを行いますから，熱によって少し形が変わります．その変形分も見込んで仕上げ代を残す必要があります．

　熱処理によって硬くした歯面は，この研削によって仕上げられます．また，この研削は，と石を傾けることによって，18章でお話したクラウニング，エンドリリーフ，歯形修整を行うことができます．

　歯車の研削仕上げは，図 21.14 に示す歯車研削盤という工作機械によって行われます．

21.4　その他の歯車をつくる方法

（1）転造による方法

　腕時計に日付や時，分を合わせるのに使う竜頭という小さな部品がついていますね．この竜頭の表面は指が滑らないように細かいギ

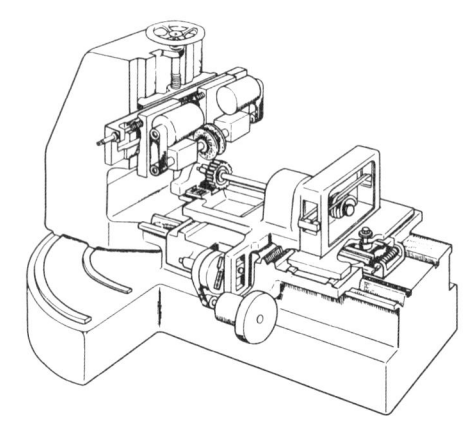

図 21.14 歯車研削盤[9]

ザギザになっています.このギザギザをローレットといいますが,これをつくるには,円形の材料を回しながらつくりたいギザギザと反対のギザギザをもった硬い工具を押し付けてやります.これは,転造の一種です.

ギザギザをもった機械の部品で,たくさん使われるものにねじ部品があります.ですから,比較的小さな(直径 20 mm 以下くらい)のボルトや小ねじ類は転造によってつくられることが多いのです.

ところで歯車はどうでしょう.丸い板のようなものの外側にギザギザがついているものとも考えられます.そこで,歯車を転造でつくる試みが行われました.つまり,ラックカッタまたはピニオンカッタのような工具を作り,歯車の材料を回転させながらこの工具を押し付けるという方法です.もちろん,材料の硬さは,比較的軟らかいものとしなければなりませんし,比較的小さな歯車であることも必要です.

21. 歯車のつくり方　　　　157

　転造は，一度に同じものをたくさんつくるときに具合がよい，つまり生産性が高いのです．ですから小さな歯車を大量生産するときなどに用いられることになるでしょう．

　それにしても，金属は押されて凹んでもそのままの形になって，割れたりしない優れた性質がありますね．たとえば石などでは割れてしまって転造はできないでしょう．

（2）　焼結成形

　いろいろな金属や固形潤滑剤などを一度粉にして，それらを練り合わせ，型に入れて焼き固めて形をつくる方法を焼結成形といいます．この方法で部品をつくると，潤滑剤入りの部品ができたり，別に膨らし粉を入れるわけではないのですがクッキーのように細かい穴がたくさんあいたようにもでき，そこに液体の潤滑油をしみこませることもできます．普通，この方法で形を作ったものは，圧縮には強いのですが引張りや曲げには弱いようです．特別な軸受やこすり合わせる面などに用いられます．

　これで歯車もつくれますが，私はまだ使われている様子を見たことがありません．

（3）　プラスチック成形

　プラスチックでできた歯車は，家庭電気製品や動く模型やおもちゃなどにたくさん使われています．

　20.5節でお話したように，プラスチックには熱可塑性プラスチックと熱硬化性プラスチックがあります．

　熱可塑性のものは，熱を加えると溶けて液体のような状態になりますから，つくりたい歯車の逆の型を金属でつくっておき，そこに液状のプラスチックをポンプで吹き入れて冷ませば（射出成形）よいわけです．型をたくさん用意して射出すれば一度にたくさんの歯車を作ることができます．生産性の高い方法です．

熱硬化性のものは，粉状の材料をやはり型に入れ，熱を加えると一度溶けますが，熱を加え続けると熱によって固まります．したがって，射出成形ができず，生産性が低いといわれていましたが，技術の進歩によって最近では熱硬化性プラスチックも射出成形ができるようになったということです．

引 用 文 献

1) JIS B 0105(1993) 工作機械—名称に関する用語，p.25，付図19
2)* JIS B 4232(1985) インボリュートフライス，p.2，表1の図
3)* JIS B 4354(1988) 歯車用1条ホブ，p.2，表1の図
4) 文献1)，p.32，付図34
5) JIS B 4358(1991) ラックカッタ，p.2，表1の図
6)* JIS B 4356(1985) ピニオンカッタ，p.15，図3
7) 文献1)，p.33，付図35
8)* JIS B 4357(1988) 丸形シェービングカッタ，p.2，表1の図
9) 文献1)，p.34，付図37
 *は，旧JIS

22. 歯車の正確さとそれを測るには

22.1 現行の歯車の精度等級

歯車の正確さ,つまり精度を,わかりやすくするために,いくつかのクラスに分けたものを歯車の精度等級といいます.精度等級は,JIS B 1702-1(1998) "円筒歯車—精度等級 第1部:歯車の歯面に関する誤差の定義及び許容値" に,モジュール $0.5 \leq m \leq 70$,基準円直径 $5 \leq d \leq 10\,000$,歯幅 $4 \leq b \leq 1\,000$(それぞれ単位は mm)の範囲で,単一ピッチ誤差,累積ピッチ誤差,全歯形誤差及び全歯すじ誤差について,0等級が最も高精度で,12等級が最も低精度とする13精度等級として,それらの誤差の許容値を定めています.
また,JIS B 1702-2(1998) "円筒歯車—精度等級 第2部:両歯面かみ合い誤差及び歯溝の振れの定義並びに精度許容値" に,モジュール $0.2 \sim 10$ mm,直径 $5.0 \sim 1\,000$ mm の,両歯面全かみ合

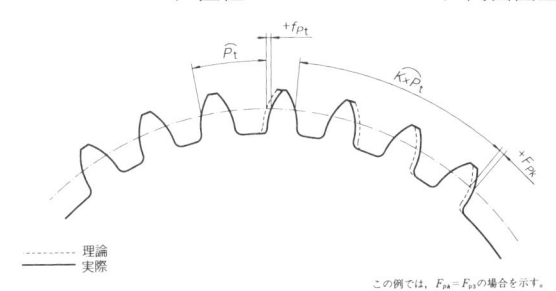

図 22.1 ピッチ誤差[1]

表 22.1 単一ピッチ誤差± f_{pt} [2)]

基準円直径 d mm	モジュール m mm	精度等級 ± f_{pt} μm											
		0	1	2	3	4	5	6	7	8	9	10	11	12
5 ≤ d ≤ 20	0.5 ≤ m ≤ 2	0.8	1.2	1.7	2.3	3.3	4.7	6.5	9.5	13.0	19.0	26.0	37.0	53.0
	2 < m ≤ 3.5	0.9	1.3	1.8	2.6	3.7	5.0	7.5	10.0	15.0	21.0	29.0	41.0	59.0
20 < d ≤ 50	0.5 ≤ m ≤ 2	0.9	1.2	1.8	2.5	3.5	5.0	7.0	10.0	14.0	20.0	28.0	40.0	56.0
	2 < m ≤ 3.5	1.0	1.4	1.9	2.7	3.9	5.5	7.5	11.0	15.0	22.0	31.0	44.0	62.0
	3.5 < m ≤ 6	1.1	1.5	2.1	3.0	4.3	6.0	8.5	12.0	17.0	24.0	34.0	48.0	68.0
	6 < m ≤ 10	1.2	1.7	2.5	3.5	4.9	7.0	10.0	14.0	20.0	28.0	40.0	56.0	79.0
50 < d ≤ 125	0.5 ≤ m ≤ 2	0.9	1.3	1.9	2.7	3.8	5.5	7.5	11.0	15.0	21.0	30.0	43.0	61.0
	2 < m ≤ 3.5	1.0	1.5	2.1	2.9	4.1	6.0	8.5	12.0	17.0	23.0	33.0	47.0	66.0
	3.5 < m ≤ 6	1.1	1.6	2.3	3.2	4.6	6.5	9.0	13.0	18.0	26.0	36.0	52.0	73.0
	6 < m ≤ 10	1.3	1.8	2.6	3.7	5.0	7.5	10.0	15.0	21.0	30.0	42.0	59.0	84.0
	10 < m ≤ 16	1.6	2.2	3.1	4.4	6.5	9.0	13.0	18.0	25.0	35.0	50.0	71.0	100.0
	16 < m ≤ 25	2.0	2.8	3.9	5.5	8.0	11.0	16.0	22.0	31.0	44.0	63.0	89.0	125.0
125 < d ≤ 280	0.5 ≤ m ≤ 2	1.1	1.5	2.1	3.0	4.2	6.0	8.5	12.0	17.0	24.0	34.0	48.0	67.0
	2 < m ≤ 3.5	1.1	1.6	2.3	3.2	4.6	6.5	9.0	13.0	18.0	26.0	36.0	51.0	73.0
	3.5 < m ≤ 6	1.2	1.8	2.5	3.5	5.0	7.0	10.0	14.0	20.0	28.0	40.0	56.0	79.0
	6 < m ≤ 10	1.4	2.0	2.8	4.0	5.5	8.0	11.0	16.0	23.0	32.0	45.0	64.0	90.0
	10 < m ≤ 16	1.7	2.4	3.3	4.7	6.5	9.5	13.0	19.0	27.0	38.0	53.0	75.0	107.0
	16 < m ≤ 25	2.1	2.9	4.1	6.0	8.0	12.0	16.0	23.0	33.0	47.0	66.0	93.0	132.0
	25 < m ≤ 40	2.7	3.8	5.5	7.5	11.0	15.0	21.0	30.0	43.0	61.0	86.0	121.0	171.0
280 < d ≤ 560	0.5 ≤ m ≤ 2	1.2	1.7	2.4	3.3	4.7	6.5	9.5	13.0	19.0	27.0	38.0	54.0	76.0
	2 < m ≤ 3.5	1.3	1.8	2.5	3.6	5.0	7.0	10.0	14.0	20.0	29.0	41.0	57.0	81.0
	3.5 < m ≤ 6	1.4	1.9	2.7	3.9	5.5	8.0	11.0	16.0	22.0	31.0	44.0	62.0	88.0
	6 < m ≤ 10	1.5	2.2	3.1	4.4	6.0	8.5	12.0	17.0	25.0	35.0	49.0	70.0	99.0
	10 < m ≤ 16	1.8	2.5	3.6	5.0	7.0	10.0	14.0	20.0	29.0	41.0	58.0	81.0	115.0
	16 < m ≤ 25	2.2	3.1	4.4	6.0	9.0	12.0	18.0	25.0	35.0	50.0	70.0	99.0	140.0
	25 < m ≤ 40	2.8	4.0	5.5	8.0	11.0	16.0	22.0	32.0	45.0	63.0	90.0	127.0	180.0
	40 < m ≤ 70	3.9	5.5	8.0	11.0	16.0	22.0	31.0	45.0	63.0	89.0	126.0	178.0	252.0
560 < d ≤ 1 000	0.5 ≤ m ≤ 2	1.3	1.9	2.7	3.8	5.5	7.5	11.0	15.0	21.0	30.0	43.0	61.0	86.0
	2 < m ≤ 3.5	1.4	2.0	2.9	4.0	5.5	8.0	11.0	16.0	23.0	32.0	46.0	65.0	91.0
	3.5 < m ≤ 6	1.5	2.2	3.1	4.3	6.0	8.5	12.0	17.0	24.0	35.0	49.0	69.0	98.0
	6 < m ≤ 10	1.7	2.4	3.4	4.8	7.0	9.5	14.0	19.0	27.0	38.0	54.0	77.0	109.0
	10 < m ≤ 16	2.0	2.8	3.9	5.5	8.0	11.0	16.0	22.0	31.0	44.0	63.0	89.0	125.0
	16 < m ≤ 25	2.3	3.3	4.7	6.5	9.5	13.0	19.0	27.0	38.0	53.0	75.0	106.0	150.0
	25 < m ≤ 40	3.0	4.2	6.0	8.5	12.0	17.0	24.0	34.0	47.0	67.0	95.0	134.0	190.0
	40 < m ≤ 70	4.1	6.0	8.0	12.0	16.0	23.0	33.0	46.0	65.0	93.0	131.0	185.0	262.0
1 000 < d ≤ 1 600	2 ≤ m ≤ 3.5	1.6	2.3	3.2	4.5	6.5	9.0	13.0	18.0	26.0	36.0	51.0	72.0	103.0
	3.5 < m ≤ 6	1.7	2.4	3.4	4.8	7.0	9.5	14.0	19.0	27.0	39.0	55.0	77.0	109.0
	6 < m ≤ 10	1.9	2.6	3.7	5.5	7.5	11.0	15.0	21.0	30.0	42.0	60.0	85.0	120.0
	10 < m ≤ 16	2.1	3.0	4.3	6.0	8.5	12.0	17.0	24.0	34.0	48.0	68.0	97.0	136.0
	16 < m ≤ 25	2.5	3.6	5.0	7.0	10.0	14.0	20.0	29.0	40.0	57.0	81.0	114.0	161.0
	25 < m ≤ 40	3.1	4.4	6.5	9.0	13.0	18.0	25.0	36.0	50.0	71.0	100.0	142.0	201.0
	40 < m ≤ 70	4.3	6.0	8.5	12.0	17.0	24.0	34.0	48.0	68.0	97.0	137.0	193.0	273.0

い誤差，両歯面 1 ピッチかみ合い誤差について，4級～12級の9等級として，その許容値を附属書A（参考）に，歯溝の振れについて0級～12級の13等級としてその許容値を附属書B（参考）にそ

22. 歯車の正確さとそれを測るには　　　161

れぞれ示されています．

　これらの規格での，単一ピッチ誤差とは，図22.1のf_{pt}に示すように，実際のピッチと理論的に正しいピッチとの隔たりをいい，表22.1に許容値の表の一部を示します．累積ピッチ誤差は，図22.1のF_{pk}（部分累積ピッチ誤差といいます）のk（歯の番号を示しま

―――― : 設計歯形　〜〜〜 : 実歯形　……… : 平均歯形

i) 設計歯形；無修整インボリュート
　　実歯形；歯先近傍が(−)成分誤差の場合
ii) 設計歯形；修整インボリュート
　　実歯形；歯先近傍が(−)成分誤差の場合
iii) 設計歯形；修整インボリュート
　　実歯形；歯先近傍が(+)成分誤差の場合

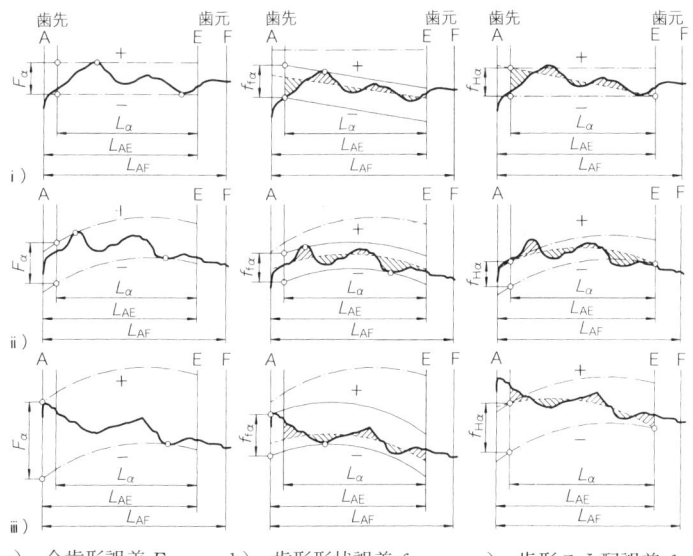

a)　全歯形誤差 F_α　　b)　歯形形状誤差 $f_{f\alpha}$　　c)　歯形こう配誤差 $f_{H\alpha}$

図 22.2　歯形誤差[3]

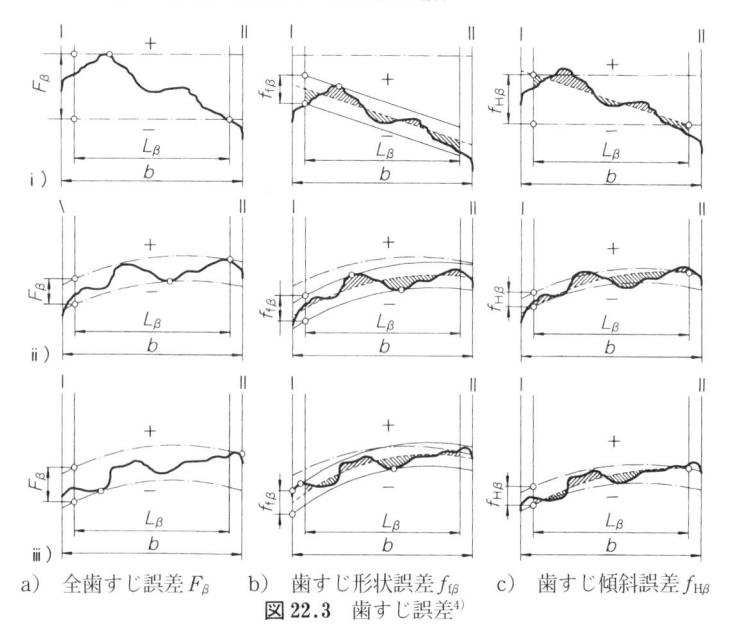

す)を全歯(k=1からk=zまで)にわたって測定したときの最大値をいい,全歯形誤差は,図22.2のa) F_α のことで,実際の歯形を挟む二つの設計歯形線図間の距離をいい,全歯すじ誤差は,図22.3のa) F_β のことで,実際の歯すじを挟む二つの設計歯すじ間の距離をいいます.また,両歯面かみ合い誤差 F_i'' は,検査される

――――:設計歯すじ 〰〰:実歯すじ ………:平均歯すじ

ⅰ)設計歯すじ;無修整歯すじ
  実歯すじ;歯端面の近傍が(−)成分誤差の場合
ⅱ)設計歯すじ;修整歯すじ
  実歯すじ;歯端面の近傍が(−)成分誤差の場合
ⅲ)設計歯すじ;修整歯すじ
  実歯すじ;歯端面の近傍が(+)成分誤差の場合

a) 全歯すじ誤差 F_β　　b) 歯すじ形状誤差 $f_{f\beta}$　　c) 歯すじ傾斜誤差 $f_{H\beta}$

図22.3　歯すじ誤差[4)]

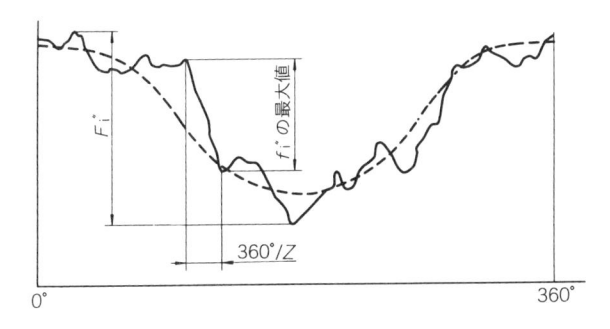

図 22.4 両歯面かみ合い誤差線図[5]

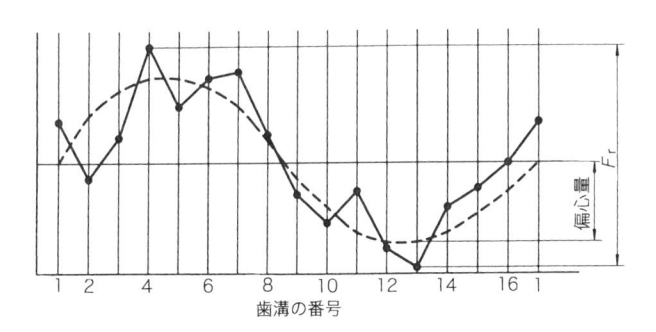

図 22.5 歯数 16 の歯溝の振れ[6]

歯車に親歯車（検査用の精密につくられた歯車）をバックラッシ無しでかみ合わせ検査される歯車を1回転させたとき，中心距離の最大値から最小値を引いた値で，図 22.4 に両歯面かみあい誤差を線図にしたものを示します．さらに，歯溝の振れ F_r は，検査される歯車の全歯溝に測定子（玉，ピン，アンビルなど）を次々に入れて測定子の半径方向位置の最大値から最小値を引いた値で，図 22.5 に歯溝の振れを線図にしたものを示します．なお，歯溝の振れには

偏心の量を含みます．

これらの規格による精度等級を表示するときには，旧規格と区別するために，等分の間 N5 級のように N を等級の前につけることを推奨しています．

これらの歯車の精度を測定する方法は，次の日本工業標準調査会標準情報（TR）として公表されています．

TR B 0005(1999) "円筒歯車―検査方法―歯車歯面の検査"
TR B 0006(1999) "円筒歯車―検査方法―両歯面かみ合い誤差，
　　　　　　　　　歯溝の振れ，歯厚及びバックラッシ"

これらの TR の内容の説明は，お話が長くなりますので省きますが，歯車の精度を測定するときは，これらの TR を活用してください．

22.2　従来の歯車の精度等級

円筒歯車の精度は，前節でお話したように，現行は，JIS B 1702-1(1998)及び JIS B 1702-2(1998)によっており，その測定法は，TR B 0005(1999)及び TR B 0006(1999)［ここではこれらを新規格と呼びます］によることになっています．これらの規格及び標準情報は，制定後まだ年月がたっていませんので実際どれだけ普及して用いられているのかわかりませんし，実際に機械に組み込まれ運転中の歯車は，旧規格，すなわち，JIS B 1702(1976) "平歯車及びはすば歯車の精度"［1999年廃止］及び JIS B 1752(1989) "平歯車及びはすば歯車の測定方法"［1999年廃止］で設計製造され検証されたものが現状圧倒的に多いと思われます．したがって，この節では，旧規格について少し触れたいと思います．

旧規格の精度等級は，0級から8級までの9段階，6種類の許容誤差について，モジュールとピッチ円直径の大きさごとに定められ

ていました．表 22.2 にモジュール 2.5 mm を超え 4 mm 以下でピッチ円直径 3 200 mm 以下のものを例として示します．この本の図 26.2 及び図 26.3 は，この表によっています．また，表 22.3 に旧規格の解説による用途ごとの歯車の精度を，表 22.4 に旧規格の解説による仕上げ方法によって得られる精度を参考として示します．

新規格は，旧規格に比べ高精度の等級許容値を細分化して規定し，許容値を算出する式もまったく異なっています．つまり精度に関する考え方がまったく異なりますので，旧規格の何級は新規格の何級に相当するかなどという新旧規格間の単純な比較はできません．新規格は，旧規格の 0 級よりも高精度の範囲まで定めているということは分かるというところです．

新規格の使い勝手のわるいことは，対象とする歯車の精度を決める際の判断の基準となる，この本の表 22.3 や表 22.4 のようなものが示されていないからです．ISO や JIS の関係する委員さんたちは，新規格で設計製造され運転されて実績がでるまでは 20～30 年かかるかも知れませんが，このような指針となるべき資料を作成することに努力するべきであり，義務であると考えます．規格は，研究者や専門技術者のためにだけにあるのではなく，いろいろなレベルの一般の技術者のためにもあるのですから．

22.3 中心距離の許容差

平歯車対やはすば歯車対は，平行な二つの軸に取り付けられて回転します．この二つの軸の中心の間隔を中心距離というのでしたね．この中心距離は，大きすぎてもいけませんし，小さくても歯車がうまく回ってくれません．また，小さすぎたら歯車装置を組み立てることができなくなるでしょう．

表 22.2 旧規格による歯車の精度[7]

モジュール 2.5 を超え 4 以下の歯車の許容誤差

単位 μm

等級	誤差	ピッチ円直径（mm）						
		25を超え50以下	50を超え100以下	100を超え200以下	200を超え400以下	400を超え800以下	800を超え1 600以下	1 600を超え3 200以下
0	単一ピッチ誤差	4	4	5	6	7	8	9
	隣接ピッチ誤差	4	4	5	6	7	8	10
	累積ピッチ誤差	16	18	20	23	26	31	36
	法線ピッチ誤差	5	5	6	6	7	8	10
	歯形誤差	4	4	4	4	4	4	4
	歯溝の振れ	11	13	14	16	18	21	25
1	単一ピッチ誤差	6	6	7	8	9	11	13
	隣接ピッチ誤差	6	7	8	9	10	12	14
	累積ピッチ誤差	23	25	28	32	37	43	51
	法線ピッチ誤差	7	7	8	9	10	12	14
	歯形誤差	6	6	6	6	6	6	6
	歯溝の振れ	16	18	20	23	26	31	36
2	単一ピッチ誤差	8	9	10	11	13	15	18
	隣接ピッチ誤差	9	10	11	13	15	17	20
	累積ピッチ誤差	33	36	40	46	53	61	72
	法線ピッチ誤差	10	10	12	13	15	17	20
	歯形誤差	9	9	9	9	9	9	9
	歯溝の振れ	23	25	28	32	37	43	51
3	単一ピッチ誤差	11	13	14	16	18	21	25
	隣接ピッチ誤差	13	14	16	18	21	25	30
	累積ピッチ誤差	46	51	57	64	74	86	100
	法線ピッチ誤差	13	15	16	18	20	23	27
	歯形誤差	13	13	13	13	13	13	13
	歯溝の振れ	33	36	40	46	53	61	72
4	単一ピッチ誤差	16	18	20	23	26	31	36
	隣接ピッチ誤差	18	20	24	27	31	38	45
	累積ピッチ誤差	65	72	81	91	105	120	145
	法線ピッチ誤差	21	23	26	29	33	37	43
	歯形誤差	18	18	18	18	18	18	18
	歯溝の振れ	46	51	57	64	74	86	100

表 22.3 旧規格による用途ごとの歯車の精度[8]

使用歯車 \ 等級	0	1	2	3	4	5	6	7	8
検査用親歯車	←→								
計測機器用歯車	←――――――→							
高速減速機用歯車		←―→							
増速機用歯車		←―→							
航空機用歯車		←―→							
映画機械用歯車		←――→							
印刷機械用歯車		←―――→						
鉄道車両用歯車		←―――――→						
工作機械用歯車		←―――――→						
写真機用歯車			←――→						
自動車用歯車			←――→						
歯車式ポンプ用歯車				←―→					
変速機用歯車				←――→					
圧延機用歯車				←―→					
汎用減速機用歯車				←――――→				
巻上機用歯車				←―――→				
起重機用歯車				←―――→				
製紙機械用歯車				←―――→				
粉砕機用大型歯車					←→				
農機具用歯車						←→			
繊維機械用歯車						←→			
回転及び旋回用大型歯車						←――→		
カムワルツ用歯車						←→			
手動用歯車								←→	
内歯車（大型を除く）					←―→				
大型内歯車							←―→		

表 22.4 旧規格による仕上げ方法による歯車の精度[9]

加工法及び熱処理別	等級	0	1	2	3	4	5	6	7	8
シェービング切削	非焼入			←—→			←—→			
シェービング切削	焼入				←—→			←—→		
研削		←—→								

それで，歯車の中心距離には基準の寸法にどれだけのくるいを許すか，という許容差が必要となります．この許容差は JIS には定められてはいないのですが，日本歯車工業会規格 JGMA 113-02 (1984) "平歯車及びはすば歯車の中心距離の許容差"に定めているので，これを用いるのがよいでしょう．表 22.5 にそれを示します．この表は，新規格の歯車の精度等級ごと，また，中心距離の大きさごとに定めてあります．

22.4 バックラッシ

バックラッシとは，図 22.6 のように一対の歯車をかみ合わせた

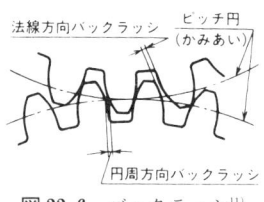

図 22.6 バックラッシ[1]

表 22.5 中心距離の許容差[10]

$\pm f_a$

単位 μm

歯車の精度等級		1, 2	3, 4	5, 6	7, 8	9, 10	11, 12
	中心距離(mm)	$\frac{1}{2}$IT4	$\frac{1}{2}$IT6	$\frac{1}{2}$IT7	$\frac{1}{2}$IT8	$\frac{1}{2}$IT9	$\frac{1}{2}$IT11
	を超え　以下						
f_a	6　　　10	2	4	8	11	18	45
	10　　　18	2	6	9	14	22	55
	18　　　30	3	6	10	16	26	65
	30　　　50	4	8	12	20	31	80
	50　　　80	4	10	15	23	37	95
	80　　　120	5	11	18	27	44	110
	120　　　180	6	12	20	32	50	125
	180　　　250	7	14	23	36	58	145
	250　　　315	8	16	26	40	65	160
	315　　　400	9	18	28	44	70	180
	400　　　500	10	20	32	48	78	200
	500　　　630	11	22	35	55	88	220
	630　　　800	12	25	40	62	100	250
	800　　　1 000	14	28	45	70	115	280
	1 000　　　1 250	16	33	52	82	130	330
	1 250　　　1 600	20	39	62	98	155	390
	1 600　　　2 000	23	46	75	115	185	460
	2 000　　　2 500	28	55	88	140	220	550
	2 500　　　3 150	34	68	105	165	270	675
	3 150　　　4 000	41	82	130	205	330	825

ときの歯面の遊びをいいます．すなわち，相手の歯車を固定しておいて，歯の一方の歯面を相手の歯車の歯面に接触させたとき，歯の他方の歯面とそれに対応する相手歯車の歯面との距離をいいます．そして，ピッチ円上の円弧の長さで表したときを円周方向バックラッシ，歯面の間の最も短い距離で表したときを法線方向バックラッシといいます．

歯車を滑らかに回転させるには，大きくもなく小さくもないちょうどよいバックラッシが必要ですが，測定機器などに用いる歯車には，回転角度のくるいをなくするために，バックラッシ無し又はごく小さな値としたものもあります．

ところで，バックラッシはどのようにすれば得られるでしょうか．一つの方法は，中心距離を少し大きくしてやることです．そうすれば相手の歯から遠ざかるのでバックラッシが得られます．これは，中心距離が調整できる歯車装置ならできますね．二つ目の方法は，歯車の歯の厚さをほんのわずか小さくしてやります．普通の歯車装置では，歯車箱を機械で削り，それによって中心距離とその許容差も定まってしまいます．中心距離の調整はできません．したがって，多くの歯車装置では，二つ目の方法でバックラッシを与えているのです．

バックラッシの与え方は，現行，標準情報 TR B 0006（1999）"円筒歯車—検査方法—両歯面かみ合い誤差，歯溝の振れ，歯厚及びバックラッシ"［ここではこれを新標準情報と呼びます］の附属書 A（参考）に，最小バックラッシ最大バックラッシともに，その考え方を述べてあるだけで歯車設計者に任されています．一例として，産業用駆動装置の最小バックラッシを求める計算式とそれによって得られた値を表にしたものが示されています．この表を表 22.6 に示します．最大バックラッシについては，考え方（数式を含む）を述べ，最終的には「熟練者の経験と判断が必要である．」と述べています．

旧規格 JIS B 1703(1976)"平歯車及びはすば歯車のバックラッシ"［1999 廃止］には最小バックラッシ，最大バックラッシともにモジュールとピッチ円直径から小歯車，大歯車それぞれについて求め，それらを加えたものをバックラッシにするというものでした．

表 22.6 最小バックラッシの推奨値[12]

m_n (mm)	最小中心間距離 a_i (mm)					
	50	100	200	400	800	1 600
1.5	0.09	0.11	—	—	—	—
2	0.10	0.12	0.15	—	—	—
3	0.12	0.14	0.17	0.24	—	—
5	—	0.18	0.21	0.28	—	—
8	—	0.24	0.27	0.34	0.47	—
12	—	—	0.35	0.42	0.55	—
18	—	—	—	0.54	0.67	0.94

旧規格の3級歯車のものを例として表22.7に示します．この本の図26.2及び図26.3は，この値をとっています．

新標準情報と旧規格は，もともとの考え方が違い，対応させることはできませんが，旧規格で設計製造された多くの歯車に不具合が発生したことは聞いていません．旧規格は，バックラッシを選定する際に参考にすることに耐える規格であると考えられます．

22.5 歯厚の定め方とその測り方

基準の歯厚は，標準基準ラック歯形で決まっています．ですが，前にお話したように，中心距離には許容差がついていますし，バックラッシも与えなければなりません．そこでこれらを考えに入れて，基準の歯厚からどのくらい厚さを減らさなければならないかを求める必要があります．そして，歯の厚さは寸法にぴったりにはできま

表 22.7 旧規格によるバックラッシ[3]
バックラッシ算出数値表（3級歯車用）

単位 μm

正面モジュール	ピッチ円直径(mm)	1.5以上 3以下	3を超え 6以下	6を超え 12以下	12を超え 25以下	25を超え 50以下	50を超え 100以下	100を超え 200以下	200を超え 400以下	400を超え 800以下	800を超え 1600以下	1600を超え 3200以下
0.5	最小値	15	20	25	30	35	45	60	70	—	—	—
	最大値	60	70	90	110	130	160	200	250	—	—	—
1	最小値	—	25	25	35	40	50	60	70	90	—	—
	最大値	—	80	100	120	140	170	210	260	320	—	—
1.5	最小値	—	—	30	35	45	50	60	80	90	120	—
	最大値	—	—	110	130	150	180	220	270	330	410	—
2	最小値	—	—	—	40	50	60	70	80	100	120	—
	最大値	—	—	—	140	170	200	240	280	350	420	—
2.5	最小値	—	—	—	45	50	60	70	80	100	120	—
	最大値	—	—	—	150	180	210	250	300	360	430	—
3	最小値	—	—	—	—	50	60	70	90	100	130	150
	最大値	—	—	—	—	190	220	260	310	370	450	540
3.5	最小値	—	—	—	—	60	60	80	90	110	130	160
	最大値	—	—	—	—	200	230	270	320	380	460	560
4	最小値	—	—	—	—	60	70	80	90	110	130	160
	最大値	—	—	—	—	210	240	280	330	400	470	570
5	最小値	—	—	—	—	70	70	90	100	120	140	170
	最大値	—	—	—	—	230	270	300	350	410	490	590
6	最小値	—	—	—	—	70	80	90	110	120	150	170
	最大値	—	—	—	—	260	290	330	380	440	520	610
7	最小値	—	—	—	—	—	80	90	100	130	150	180
	最大値	—	—	—	—	—	280	310	350	400	460	540	640
8	最小値	—	—	—	—	—	90	100	120	140	160	190
	最大値	—	—	—	—	—	300	330	370	420	480	560	660
10	最小値	—	—	—	—	—	—	110	120	130	150	170	200
	最大値	—	—	—	—	—	—	380	420	470	530	610	710
12	最小値	—	—	—	—	—	—	120	130	140	160	180	210
	最大値	—	—	—	—	—	—	430	470	520	580	650	750
14	最小値	—	—	—	—	—	—	130	140	160	180	200	220
	最大値	—	—	—	—	—	—	470	510	560	620	700	800
16	最小値	—	—	—	—	—	—	—	160	170	190	210	240
	最大値	—	—	—	—	—	—	—	560	600	670	750	840
18	最小値	—	—	—	—	—	—	—	170	180	200	220	250
	最大値	—	—	—	—	—	—	—	600	650	710	790	890
20	最小値	—	—	—	—	—	—	—	180	200	210	240	260
	最大値	—	—	—	—	—	—	—	650	700	760	840	940
22	最小値	—	—	—	—	—	—	—	—	210	230	250	280
	最大値	—	—	—	—	—	—	—	—	750	810	880	980
25	最小値	—	—	—	—	—	—	—	—	230	250	270	300
	最大値	—	—	—	—	—	—	—	—	820	880	950	1050

備考　中間モジュールに対するバックラッシを決定する場合には，大きい方のモジュールをとる。

はすば歯車で歯直角モジュールの場合の例

歯直角モジュール3，歯数25と50，ねじれ角35°の場合

$$\text{正面モジュール} = \frac{3}{\cos 35°} = 3.66$$

小歯車のピッチ円直径 = 3.66 × 25 = 91.5 mm
大歯車のピッチ円直径 = 3.66 × 50 = 183.0 mm

表から正面モジュール4，ピッチ円直径91.5 mmのとき

最小値70 μm，最大値240 μm

正面モジュール4，ピッチ円直径183.0 mmのとき

最小値80 μm，最大値280 μm

したがって　最小バックラッシ = 70 + 80 = 150 μm

最大バックラッシ = 240 + 280 = 520 μm

せんから，この値にも許容差を許してあげることが必要です．

これは，その歯の厚さを測る方法と深い関係があるので，その測り方からお話しましょう．

測り方の一つ目は，図 22.7 のように 1 枚の歯を歯形キャリパという測定具で測る方法で，ピッチ円と歯形が交わる点の間の弦の長さ（図の s）を測る方法で，弦歯厚法といいます．この方法は，測定具の先がピッチ円の位置（現実の歯車には，ピッチ円はありません）にきちんとくるように歯先面を基準とするので，歯先円のくるいや偏心などに影響を受けます．ですから，精度のあまりよくない歯車で用いられているようです．

二つ目の方法は，図 22.8 のように，何枚かの歯をまたいで歯形曲線そのものを測る（図の w）方法で，これをまたぎ歯厚法とい

図 22.8 またぎ歯厚法[5]

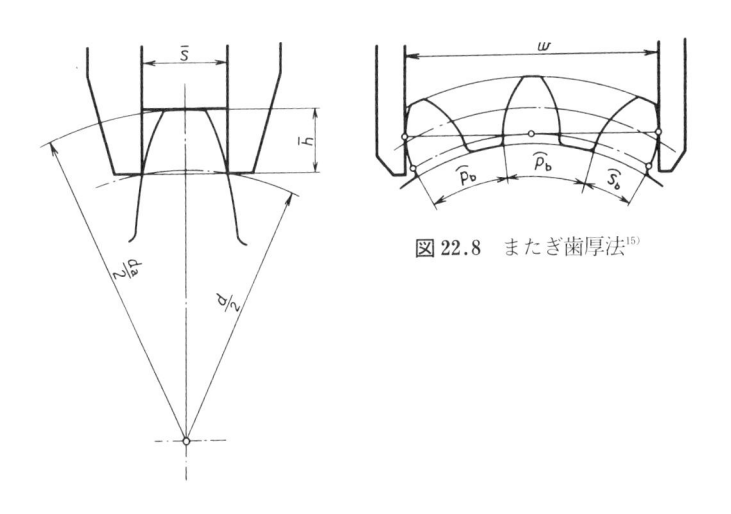

図 22.7 弦 歯 厚 法[4]

います．この方法は，それぞれの歯が同じにできているとしているわけです．図の w は，測定具が1枚目の歯の左側の歯面に接しており，3枚目の歯の右側の歯面に接したときの寸法を正確に測ります．この寸法が大きければ歯は太っており，小さければやせているということです．

なお，この図では3枚の歯をまたいでいますが，またぐ枚数が多ければ歯先に近く測定具が当たり，少なければ歯元に近く当たります．ですから，歯数によって，またぐ歯の枚数を変えて測定具がピッチ円付近で当たるようにします．

三つ目の方法は，図22.9のように，歯車のある歯溝とその反対の位置の歯溝にピンまたは玉を入れてその外側の距離（図の d_m）を測る方法です．歯の数が偶数ならば正反対の位置に歯溝がきますが，奇数のときは歯そのものがあるので歯の半枚分ずらしてピンか玉を入れます．歯が太っていればピンか玉は外側にはみ出ようとしますし，やせていれば歯溝に落ち込むでしょう，それで歯の厚さがわかるということです．

なお，この方法に用いるピンや玉は，ピッチ円と歯面の交点近くで当たる直径で精密につくられたものを用います．転がり軸受（ころ軸受や玉軸受）に用いるローラやボールがよいでしょう．この方法をオーバピン（玉）法といいます．

これらの三つの歯の厚さを測る方法は，その内の一つを採用すればよいのです．歯車の精度や用途によって定められます．

そして，中心距離の許容差と，バックラッシの範囲を考えに入れて，測定する方法での数値を求めるのです．

また，これらの方法で測定するときの値は，幾何学的に求められた式によりますが，それらの式は，複雑ですし，お話が長くなってしまうので，ここでは省略します．必要なときは，専門の本を調べ

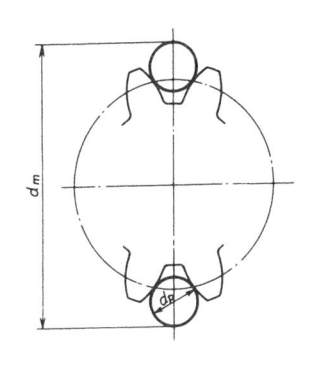

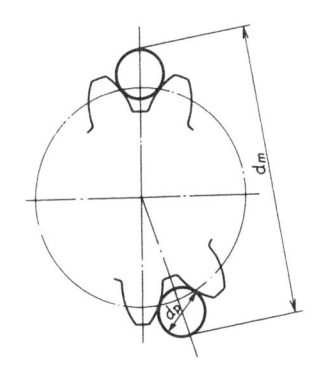

偶数歯の場合 　　　　　　　　　奇数歯の場合

外 歯 車

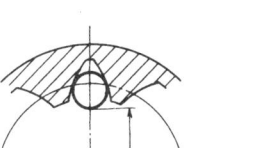

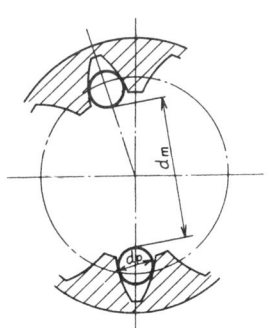

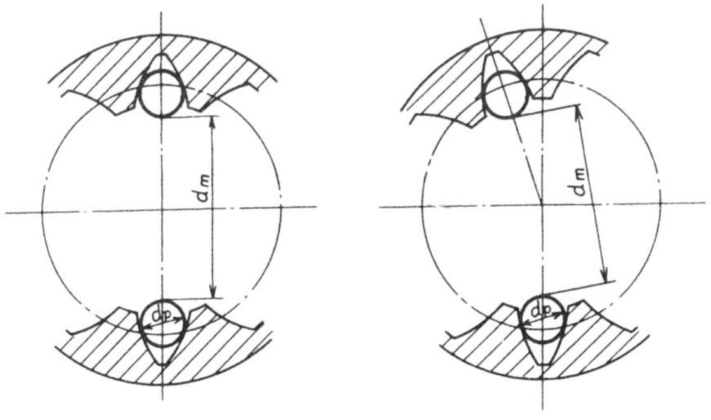

偶数歯の場合 　　　　　　　　　奇数歯の場合

内 歯 車

図 22.9 オーバーピン（玉）法[16]

てください．これに限りませんが，幾何学的に求められた式で計算を行うときは，誤りのないようにしましょう．もし，誤ったら取り返しのつかないことにもなりかねません．私が歯車を設計していたときは，もう一人の人に同じ計算をやっていただき，その値が一致してから図面に書き込むようにしていました．

22.6 歯当たり

18章でもお話したように，かみあったお互いの歯のどの辺で，どのような大きさで当たっているかを確かめる必要があります．なるべく歯面の中央部で広い当たりがほしいのです．

これを調べるには，歯車装置を組み立ててから，片方の歯車の歯に光明丹というものを油で溶いた朱肉に似た塗料を薄く塗り，少し力を加えてかみあわせれば，当たった部分が塗ったほうの歯は塗料が取れて黒くなり，塗っていないほうの歯は塗料がくっついて赤くなります．これで当たりがわかるのです．そしてそれを記録するためには，当たりをとった歯面に透明な粘着テープを貼って当たりを写し取り，それをはがして紙に貼り付け直せばよいのです．

この歯当たりがよいかどうかの判断の基準は，旧 JIS B 1741 "歯車の歯当たり"（この規格は，1999年に廃止になりましたが参考にはなります）によるのがよいでしょう．次ページの図22.10にこの規格の平歯車とはすば歯車の部分を示します．

22. 歯車の正確さとそれを測るには

平 歯 車

はすば歯車

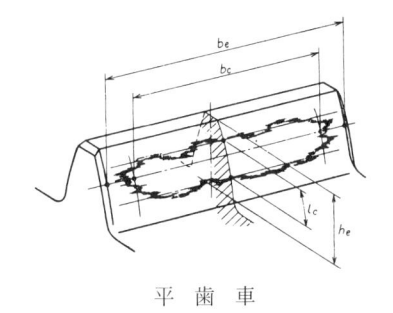

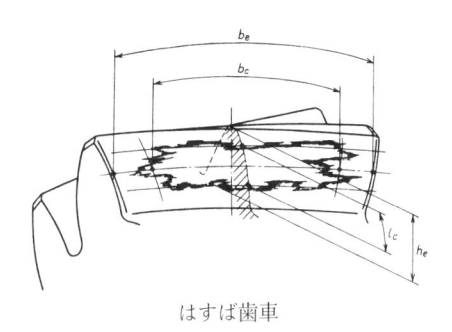

円筒歯車の歯当たりの割合

区 分	歯当たりの割合	
	歯すじ方向	歯たけ方向
A	有効歯すじの長さの 70%以上	有効歯たけの 40%以上
B	有効歯すじの長さの 50%以上	有効歯たけの 30%以上
C	有効歯すじの長さの 35%以上	有効歯たけの 20%以上

図 22.10 平歯車とはすば歯車の歯当たり[17]

引 用 文 献

1) JIS B 1702-1(1998) 円筒歯車―精度等級第1部:歯車の歯面に関する誤差の定義及び許容値,p.2,図1
2) 文献1),p.10,表1の一部
3) 文献1),p.4,図2
4) 文献1),p.6,図3
5) JIS B 1702-2(1998) 円筒歯車―精度等級第2部:両歯面かみ合い誤差及び歯溝の振れの定義並びに精度許容値,p.2,図1
6) 文献5),p.7,附属書B図B.1
7)* JIS B 1702(1976) 平歯車及びはすば歯車の精度,p.11,付表5
8) 文献7),p.39,解説表11
9) 文献7),p.39,解説表12
10) JGMA 113-2(1984) 平歯車及びはすば歯車の中心距離の許容差,p.2,付表
11)* JIS B 0102(1988) 歯車用語,p.44,図22106
12) TR B 0006(1999) 円筒歯車―検査方法―両歯面かみ合い誤差,歯溝の振れ,歯厚及びバックラッシ,p.31,表A1
13)* JIS B 1703(1976) 平歯車及びはすば歯車のバックラッシ,p.5,付表4
14)* JIS B 1752(1989) 平歯車及びはすば歯車の測定方法,p.17,図20
15) 文献14),p.13,図18
16) 文献14),p.15,図19
17)* JIS B 1741(1977) 歯車の歯当たり,p.3,図1.表1

*は,旧JIS.

23. 歯車の潤滑の方法

23.1 潤滑とは何でしょう

　潤滑のことをやさしくお話することは，たいへん難しいのですが，簡単にいえば，すべり合ったり転がり合ったりする二つの面の間にちょうどよい粘りをもった油などを入り込ませて二つの面を離して，直接面と面が触れ合わないようにすることです．

　このようにすれば，面と面は離れていますから，摩擦がごく少なくなり（面と面のこすり合いによる摩擦がなくなり，薄い厚さの油を切る摩擦だけが残ります），したがって摩耗（こすり合って面が減っていくこと）もなくなります．そして，面と面の間に入り込んだ油はとても薄いので，油膜といわれています．このような潤滑の状態を流体潤滑といいます．

　このようなよい状態の潤滑は，普通の機械ではなかなかできないのです．普通は，二つの面のところどころが接してしまい，摩擦や摩耗が少し起こってしまいます．このような潤滑の状態を境界潤滑といいます．それでも潤滑剤や潤滑法をよくしてやれば，摩擦や摩耗を減らすことができます．

23.2 潤滑剤のこと

　潤滑のために，前節でお話した二つの面の間に挟み込むものを潤

滑剤といいます．

　潤滑剤には，液体の状態の潤滑油，半固体の状態のグリース，主として粉の状態の固体潤滑剤があります．それぞれ種類が多く，用いる機械やその部分によって使い分けられています．

　歯車で用いる潤滑油は，鉱物油（石油）が主成分で，マシン油（機械油といわれているもの），スピンドル油，タービン油，工業用ギヤ油，自動車用ギヤ油などがあります．

　この内，工業用ギヤ油と自動車用ギヤ油には，さびが起こらない成分，水分を分けてしまう成分，歯面に大きな力がかかっても油膜が切れないようにする極圧添加剤というものが含まれていて，歯車の潤滑には最もよい潤滑油です．この潤滑油は，転がり軸受の潤滑にも用いることができるので，大きな動力を伝達する歯車装置としては都合がよいのです．

　潤滑油は，粘りの具合（粘度といいます）によって，いくつもの種類に分けられていますから，その歯車装置の運転の状態の温度を考えて（その歯車装置の据付け場所や季節によっても変えることがあります）最も適した粘度を選びましょう．

　グリースは，液体の鉱物油を増ちょう剤といわれる金属石けんの中に細かくばらばらに混ぜ合わせたもので，その軟らかさをちょう度といいます．

　歯車に用いるグリースは，一般用グリース，転がり軸受用グリース，ギヤコンパウンドなどがあり，転がり軸受用グリースには極圧添加剤が含まれています．

　また，ギヤコンパウンドは，増ちょう剤として金属石けんではなく，アスファルトを用いた，水アメのようにとてもねばねばしたグリースです．カバーや歯車箱を用いないで，むき出しで使われる歯車などでは，このねばねばさが回転による遠心力でグリースが飛び

散るのを防いでくれます.

　グリースにもちょう度によって種類がありますから，その温度に適したちょう度のものを選びます.

　固体潤滑剤としては，グラファイト（黒鉛：鉛筆の芯の材料），二硫化モリブデンという物質（どちらも粉の状態で指に取ってこすり合わせるとすべすべします）などが使われますが，それらをそのまま用いることはあまりなく，グリースなどに混ぜて使われていることが多いようです.

23.3　潤滑の方法

　歯車装置の潤滑の方法は，その歯車装置の構成や使われ方や回転数や伝達トルクなどによって違ってきます.

　一番簡単なのは，歯車を覆うカバーやケース，歯車箱などがなく，歯車がむき出しで用いられているもので，このようなものをオープンギヤといいます．雨や雪を防ぐためだけと人が近付けないように安全のための簡単なカバーなどを取り付けたものも含みます．このような歯車装置は，回転数があまり高くなく（手回しのような），精度もよいものではないでしょうから，このときは，グリースを歯全部に塗っておけば十分です．オープンギヤでも，モータやエンジンで回すときは，回転数も高いでしょうからギヤコンパウンドを用いましょう.

　比較的高速回転，伝達動力も大きな歯車装置で，軸受は台枠に取り付けられ，歯車には，雨，雪，ほこりなどがかからないように，台枠に取り付けられた薄い鋼板でつくられたケース（ギヤケース）で覆われていますが，軸との間から油がもれ出すのを防ぐ仕掛けがないときは，ギヤコンパウンドを用います．電気機関車の歯車装置

などがそうです.

　しっかりした歯車箱（ギヤボックス）に軸受が取り付けられており，歯車も覆われていて，油がもれ出さない仕掛け（潤滑油のシール）がしっかりしていて，高速で回転し，伝達動力が大きいときは，ギヤ油を用いましょう．そして，このギヤ油で軸受も同時に潤滑します．このときの軸受の潤滑は，歯車でかきあげられた潤滑油によるので，このような潤滑法をはねかけ潤滑といいます.

　軸受が高い所にあったりして十分なはねかけが行われないときは，歯車箱の上のほうに油受けを設けて油を受けて（潤滑油は，歯車の歯にくっついて回り，遠心力で歯車のまわりにまき散らされます），それを管や穴で軸受に導いてやればよいのです．この方法は，新幹線を含む電車の歯車装置に用いられています.

　このとき，軸受を潤滑した油を歯車箱の下のほうに戻す穴を必ずあけましょう．狭い所に油が閉じ込められ，むりに回転させられると，そのエネルギーは全部熱になり，ひどいときは，軸受を焼いてしまいます．一つの小さな穴をあけ忘れたために歯車装置が使えなくなった例を知っています.

　また，2段減速や3段減速または中間歯車を用いて軸が上のほうに積み重ねられたようなときは，ポンプで潤滑油をくみ上げて，油の分配器を用いて上のほうの歯車のかみ合う所と軸受に油を与えましょう．このような潤滑法を強制潤滑といいます．ポンプは別のモータなどで回してもよいし，その歯車装置の一つの軸（なるべく回転数の高い軸）から回転をとってもよいのです．もし，この歯車装置が逆転もするのならば，ポンプは逆回転をしても一定の方向に油を送ることができるポンプを用いなければなりません．このとき注意することは，油を送る管をしっかり固定することです．運転中この管が振動で折れて，油がもれ，歯車と軸受に油が行かず，空気

23. 歯車の潤滑の方法

潤滑になってしまってこわれてしまった例を見たことがあります．

　潤滑油による潤滑法で，そのほかの注意する点は，歯車箱と軸の間から油がもれないような工夫をきちんとすることです．これをシールするといいますが，軸は高速で回っているので，接触しながらシールするオイルシールなどを用いるには限りがあります．そのときは，遠心力で油を振り切る油切りや，迷路を使って油の圧力をだんだん下げ，大気圧と同じにしてもれを防ぐラビリンスシールなどを用います．

　そのほか，歯車装置の運転中は，歯車や軸受が発熱し，歯車箱の中の空気の温度が上がり熱膨張してその圧力で潤滑油を押し出そうとします．そのときは，ブリーザといって空気は通すけれども油は通さない仕掛けを歯車箱の上のほうに取り付けることが必要です．

　潤滑油は，グリースと違って流れます．この流れを用いて歯車や軸受で発生した熱を取り去って運ぶことができます．歯車箱の下のほうは油だめとしても使われていますから，ここにラジエータのようにたくさんの冷却フィンを設けて大気と触れる面積を増やし，潤滑油を冷やしてやることができます．また，とても熱いところで用いる歯車装置，たとえば製鉄所の圧延機を回す歯車装置などでは，潤滑油を外に引き出し，冷却してから元に戻すということもやっています．潤滑油は，普通は温度が低いほうが歯車にも軸受にもよく，油の酸化が少ないので潤滑油そのものにもよいのです．

　そのほか，非常に高速回転するもの，たとえばガスタービンなどで回される歯車装置などでは，潤滑油を霧にして歯車や軸受に吹き掛ける噴霧潤滑なども行われています．

23.4 潤滑をしない歯車

歯車を用いる場所によっては，潤滑剤が使えないこともあります．たとえば，食品工業や繊維工業などで，製品に歯車の潤滑油が付いては困るとき，また，半導体工業の真空装置の中で行う仕事などで，潤滑剤の成分が真空中で揮発して製品に悪い影響を及ぼすときなどです．

これには，それぞれ工夫がされているのでしょうが，潤滑をしない歯車としては，特殊なプラスチックの歯車が考えられます．セラミックスの歯車はどうなのでしょうか．残念ですが，私は詳しくはわかりません．

そのほか，わざと潤滑をしないで用いる歯車があります．それは，ごく小さな歯車で，大気中で用いられるおもちゃの歯車などです．潤滑剤を塗ると，大気中のほこりがくっつきやすくなり，ほこりにはとても硬い物質が含まれていることがあるので，かえって摩耗を起こすことがあります．

24. 歯車装置の騒音と振動

　歯車装置を運転すると，多かれ少なかれ騒音と振動が出ます．なるべく静かに振動を少なく運転をしたいのですが，そのためにはどうしたらよいでしょう．

　音は，機械の振動が空気に伝わり，それが私たちの耳に聞こえ，騒音と感じます．ですから，その振動の元をなくするのがよいのです．歯車の精度や歯車箱の精度はよいことが望ましいことです．平歯車よりもはすば歯車としたほうがなめらかな回転をします．歯車と軸の振れ回りをしないように，歯車の軸穴とピッチ円との振れ公差を小さくしましょう．特に小形歯車で軸に止めねじで固定するものは，振れ回りしやすいので穴と軸は固めのはめあいとします．

　薄い鋼板などでつくった歯車カバーなどは，それ自体が鳴り出すことがあり，元となる振動の数と歯車箱などのもっている振動数（固有振動数）が近いときは，共鳴が起こって音が大きくなることがあります．歯車箱などは，振動や音を減らす（減衰する）材料，たとえば鋳鉄などを用いて，なるべく肉厚にするのがよいようです．

　歯車をはすば歯車にしたり，精度をよくしたり，歯車箱を頑丈にしたりすることは，その歯車装置の値段が高くなり，また質量も増えます．それらのバランスを考えながら，より静かにより振動のない回転をする歯車装置をつくって行きたいものです．

　なお，これらに関する規格としては，JIS B 1753(1999) "歯車装置の受入検査—歯車装置から放射される空気伝ぱ音のパワーレベ

ルの決定"及び JIS B 1754(1998) "歯車装置の受入検査—第2部：歯車装置の機械振動の測定方法及び振動等級の決定"があります．

25. 歯車装置を運転するには

25.1 歯車装置の組立てと分解

　歯車装置の組立てと分解の作業について，注意することをお話しましょう．

（1）　歯車装置の組立てと分解の作業は，砂やほこりの立たない，きれいな場所で行いましょう．作業をする人もほこりが出ないような服装をし，髪の毛などを落とさないようにしましょう．

（2）　一つ一つの歯車が，どんなに精密につくられていても，ほかの部品の具合が悪かったり取扱いが悪かったりしては，歯車の性能は発揮できません．

（3）　歯車箱や台枠の加工精度を確認して，その値を記録しておきましょう．

（4）　歯車箱の内部は，よく清掃して鋳物砂やスケール（溶接のときなどに出る鉄の酸化した膜）をよく取り除きましょう．そしてさびないうちに箱の内側を耐油性のペンキで塗装してしまいましょう．このときのペンキは，運転のときの温度に耐えるものとします．

（5）　すべての部品は，洗浄油（軽油など）でよく洗い，また，バリ，カエリ（部品を削るとき端にできる小さな出っぱり）などはよく取り除いておきます．

（6）　歯車や他の部品の取扱いに注意します．硬いものに当てて傷

などを付けないようにしましょう．
（7） 焼きばめ作業（軸受などの温度を上げ，熱膨張させて軸などに取り付ける方法）があるときは，温度を上げる方法と温度をよく見張っていてください．特に直火（部品を火に直接当てる）は禁物です．温度を上げた油の中につるして行うのがよい方法です．
（8） それぞれの部品には強い打撃は加えないでください．鉄のハンマで直接たたいてはいけません．木ハンマ，ビニルハンマなどを用いましょう．鉄のハンマしかないときは，木材を挟んでたたきます．
（9） 円すいころ軸受などのように，軸方向の移動によってすきまを得る軸受を用いているときは，そのすきまを測って規定された範囲に入っていることを確認し，その値を記録しておきましょう．
（10） 歯車の歯当たりを調べます．そして記録しておきましょう．透明な粘着テープによる方法がありましたね．
（11） 歯車のバックラッシを測って，規定された値かどうかを確認して，その値を記録しておきましょう．

25.2 試 運 転

うまく組立てが終わったら，試運転を行います．
（1） まず組立てたままで，小さな回転の力で回して見ます．手で回せるものなら手で回します．そのとき軽く回るのならばよいのですが，回しにくかったり，しぶかったりしてはいけません．そのときは，分解して調べてまた組立てをし直しましょう．
（2） 定められた潤滑油を規定量入れましょう．これは，少ないの

はもちろんいけませんが，多くともいけません．油の量が多いと運転中にシール部やブリーザから油が噴き出たり，ひどいときは，油の攪拌熱で軸受などの焼き付きを起こしてしまいます．
(3)　力をかけない無負荷運転を行います．そのとき次のことを行いましょう．
　（a）　回転数は，低回転から少しずつ上げていきましょう．回転は，正転，逆転両方向行います．
　（b）　潤滑の状態を観察しましょう．これは，点検ふたのかわりにアクリルなどの透明な板を取り付け，懐中電灯で照らせば観察できます．そして歯車，軸受に潤滑油がいきわたっていることを確認します．
　（c）　このとき各部の温度上昇を測りましょう．特に軸受部は必ず測ります．そして，温度が上がって一定の温度になったとき（飽和温度になったといいます）で判断しましょう．そのときの外気温度に 30〜50℃ くらい加えた温度ならよいと思います．温度の上がり方が急なときは，運転を取り止めて原因を調べます．
　（d）　運転中の騒音，変な音，振動に注意しましょう．特に軸受部は，聴音器や聴音棒などで音を聴き，軽快な回転音であることを確認しましょう．機械の運転は，人間の感覚で支えていることがとても多いのです．この感覚は，機械の運転にたくさん立ち会うことによってつちかわれます．
(4)　次に力を加えた負荷運転を行って，無負荷運転と同じことを調べます．
(5)　歯車装置は，軽い負荷をかけて，しばらくの間ならし運転を行うのがよいようです．そのあと歯当たりを再び確認しましょう．

（6） 上のようなことを行って，記録を整理しておきましょう．
（7） 試運転のときに用いた潤滑油は，磁石で鉄の粉を取り去っても完全ではなく，ほかの原因でも汚れているので，全部抜き取りましょう．そして洗浄油を入れて軽く回転させ汚れを取り去ってからこの洗浄油も抜き取ります．
（8） この歯車装置が近日中に再運転をするのならば，新しい潤滑油を入れて軽く回転し，各部に潤滑油がいきわたるようにしておきます．
（9） また，長期間運転をしない場合や輸送中に潤滑油が入っていては困るときは，潤滑油を抜いて，防錆油（さびないための特別な油）を入れて軽く回し，抜き取っておきます．
（10） 輸送中の振動，特に船舶輸送のときには波で船が傾いてそのたびに転がり軸受のすきまが当たったり離れたりします．輸送中は回転していませんから，軸受の同じ場所それもごく小さな面積で繰り返しの力を受けることになり，その小さな部分が疲労してはがれ落ちるということがあります．これをフレッティング・コロージョンといいますが，これを起こさないようにするには，軸を軸方向に押して軸受のすきまをなくしておくのがよいのです．これは，歯車装置に限らず，転がり軸受を用いた機械全体にいえることです．ですから，これができるように設計のときから考えておかなければなりません．26章の歯車装置の図面の例には，このことが考えられています．

25.3 現地試運転，そして実際に運転されるまで

さて，歯車装置が実際に運転されるところに着いてからやるべきことは，どのようなことでしょう．

(1) 現地（ここでは，地上に据え付けられることを考えていますが，船舶の上や車両の上に取り付けられることも含みます）に着いたら，まず，フレッティング・コロージョン防止がされていたら，それを取り外し，元の状態に戻します．

(2) 歯車装置を据え付けるときの工事は，入念に行わなければなりません．特に，歯車装置がゆがまないで取り付けられることが大切です．このためには据付け現場の基礎工事が大切です．歯車装置に関係した技術者はここまでの判断力が求められます．特に，相手の機械，つまり原動機や被動機と入出力軸との芯出しに注意を払う必要があります．

(3) 入出力軸と原動機，被動機とをつなぐ継手を念入りに取り付けます．

(4) 歯車装置の内部が防錆油で保護されているときには，これを洗浄油で洗い落とし，規定の潤滑油を規定量入れましょう．

(5) 無負荷運転，負荷運転を行いましょう．そして，25.2節でお話した観察と測定を再び行い，異常のないことを確認します．特に温度，振動，騒音に注意しましょう．そして，原動機，被動機，継手を含む一連の軸系のねじり振動がないことを確認しましょう．必要があったらねじり振動を測ってみるのがよいでしょう．

(6) 機械は，自分で自分をこわして行くことがあります．これは，自励振動（自分の振動のために自分の振動がどんどん大きくなる）や剛性不足（強さはあるけれどもやわやわなこと），潤滑がよくないことなどいろいろな原因がありますが，機械を運転してはじめて明らかになるものです．このような設計段階の図面の上での，つまり紙の上では，予想もできないことが起こることがあります．もし，そのようなことが起こったら，その原

因を調べ，それの対策を立て，実行しなければなりません．実行を伴わない対策は，ないことに同じです．そして，歯車装置も機械の仲間なのです．
（7） 第1回目の潤滑油の交換は，早めに行いましょう．だいたい普通の交換期間の1/10くらいです．そのあとは，1年なり2年なりの期間で交換すればよいでしょう．
（8） 定期的な分解検査のときには，その検査記録をとってあとに残すことをしましょう．これが大切なことです．

　歯車装置を含む機械は，入念な設計と製造，そして普段の保守点検によって守られていれば，少なくとも10年，多ければ30年や50年は十分働き続けるものです．そうでないと機械とはいえないともいえます．それから，機械の勉強は，教室の中，研究室の中での勉強や研究も大切ですが，実物の機械によって得られることが大変多いのです．本当の意味での機械技術者は，その両方をやった人といえます．

26. 歯車装置と歯車の図面の例

26.1 歯車装置の図面

図 26.1 は,はすば歯車一段減速機の組立図です.

この図面の照合番号①と②は鋼板を切って溶接で組み立て,その後機械加工した歯車箱です.これらは,入力軸と出力軸をつなぐ面で上下に分かれるようになっていて歯車や軸受などを箱の中に入れる(組み立てる)ことや取り出す(分解する)ことができます.組み立てた後は,たくさんのボルトやナット(ねじ部品です)でつなぎとめ,一つの箱になるようにします.この歯車箱の上の部分には,歯当たりを調べたり,バックラッシを測ったりするための大きな点検ふたや潤滑油を入れるためのプラグが付けられます.また下の部分には,潤滑油がどれだけあるかを見るための油面計や潤滑油を取り替えるときなどに用いる油を出す口(排油プラグ)などがあります.なお,この排油プラグの油に接している面には,強い磁石として運転の初めに出るかも知れない鉄の粉を吸い付けるマグネットプラグとしています.

照合番号③は,入力軸と一体としてつくられた小はすば歯車です.また,④は,大はすば歯車で,出力軸とは圧入(歯車の穴を小さ目,軸を太目につくって大きな力で押し込む方法です)で固定されています.これらの歯車のお話は,また後でしましょう.

入力軸と出力軸は,それぞれ 2 個の円すいころ軸受という,すき

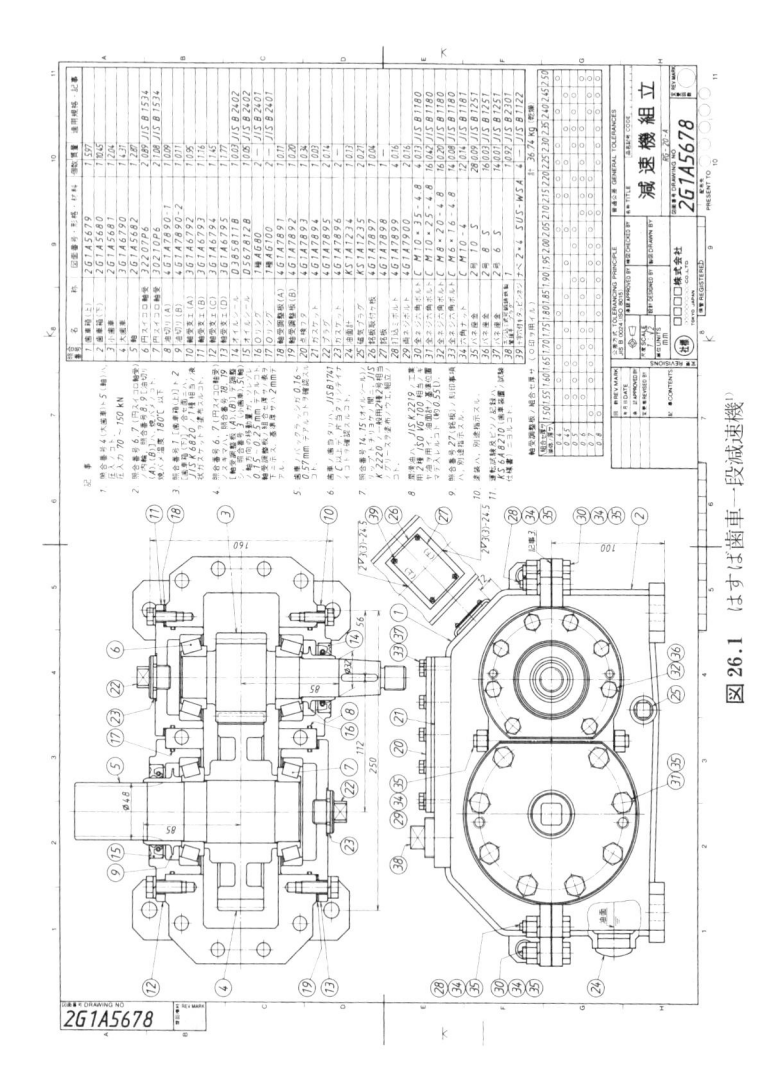

図 26.1 (はすば歯車一段減速機)

まが調整できる転がり軸受で歯車箱に支えられます．そのほか，ちょうどよい軸受のすきまとするための工夫や潤滑油が運転中にもれ出さないようにする工夫などがしてあります．

また，㉒のプラグを取り外し，このプラグと同じねじを切ったねじ棒で軸の端を軸方向に押すことで軸受のすきまを0とすることができます．これによって海上輸送中などで転がり軸受に発生しやすい 25.2 節 (10) でお話したフレッティング・コロージョンを防止することができる設計にしてあります．

潤滑油はギヤ油を用い，歯車も軸受も両方潤滑します．つまり，運転中大歯車でかきあげられた油が歯車箱の内側を伝い落ちてきて軸受を潤滑する，はねかけ潤滑としています．

26.2　小はすば歯車の図面

図 26.2 は，小はすば歯車の部品図です．図面を見ておわかりのように，この歯車は入力軸と一体となっています．このような歯車を軸付き小歯車（軸付きピニオン）といいます．これは，歯車と軸を別々なものとして組み立てるようにするには歯車の歯底円が小さくて，それに軸の入る穴をあけてキー溝などを設けるとキー溝と歯底が近くなり，そこから割れてしまうからです．

この図面の右上方にある要目表を見てください．

まず，この歯車は，はすば歯車です．そして，歯車の歯形は転位しています．工具の欄で，歯形の基準平面は歯直角，歯形は高歯でも低歯でもなく並歯，モジュールは 4 mm，圧力角 20°ですから，平歯車を削る JIS で定められている標準の工具を用いて削ることができます．

歯数は 15 枚で少ない歯数ですね．ですから基準ピッチ円直径が

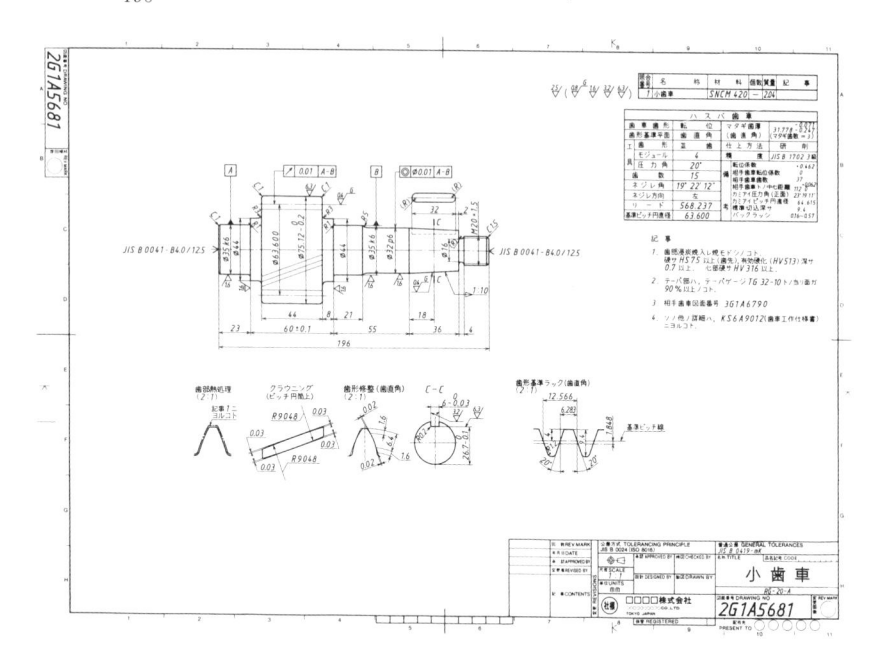

図 26.2 小はすば歯車[2]

小さくなり，したがって歯底円の直径も小さいのです．この歯数は，この減速機の必要とする減速比と歯の強さ（モジュールに関係します）から定められました．したがって，標準歯形にすると切り下げが起こることと強さの点から，転位それもプラス転位としているわけです．

ねじれ角 19°22′12″ の値は，20° に近い値としたかったことと，この角度の 1/cos が 1.06 という単純な数にごく近い値となって，計算に便利なことから選びました．ねじれ方向は左です．したがって，

相手の歯車のねじれ方向は右となります．

　リード，基準ピッチ円直径は，上の値から計算して求めました．

　歯の厚さを検査する方法は，この歯車ではまたぎ歯厚法を採用し，中心距離の許容差を考えに入れてこの歯車にふさわしい（精度旧JIS 3級）バックラッシが得られるよう算出した値です．

　仕上げ方法は，最終的には研削（回転すると石で磨く）としました．これはあとでお話するように，歯の表面を硬くするので，普通の工具では削れなくなるからです．つまり材料が軟らかいうちに普通の工具（ホブなど）で仕上げ代を残して削り，熱処理して硬くしてから研削で仕上げるわけです．

　精度は，この減速機が使われる条件から旧JIS 3級としました．

　備考の欄には，転位係数＋0.462とあります．これは，歯の強さと，相手の歯車との中心距離から求められたものです．相手歯車の転位係数は0です．すなわち相手歯車は標準歯車ということです．相手歯車の歯数は37枚．相手歯車との中心距離にはその許容差をも記入してあります．そのほか，かみあい圧力角，かみあいピッチ円直径，標準切込深さ，旧JISによるバックラッシの値が記入され

ています．備考の欄は，この図面に示された歯車をつくるときには直接必要ではありませんが，歯車が使われる状態を示した欄となっています．

　この要目表は，歯車の歯の部分をつくるために必要なことと，使われるときのことが書いてある大切な表です．

　次に，要目表の上の材料欄を見てください．この歯車の材料は，SNCM 420 となっています．これはニッケルクロモリブデン鋼で，炭素の量が 0.2% くらいです．その他の含んでいる元素によって炭素の量があたかも増したようになること，これを炭素当量といいますが，それでもずぶ焼入れには炭素が不足です．そこで，要目表の下の記事 2 に歯の部分だけを浸炭して，焼入焼戻しを行い，そのときの硬さとその深さが指定されています．この浸炭は，歯の部分だけで，その他の軸の部分には浸炭しません．ですから浸炭焼入焼戻しされないところは，ねばり強い性質そのままです．

　次に図を見ましょう．軸付き小歯車全体の図は，この歯車の歯を切る前の状態を示します．歯を切るのは要目表によって行われます．ただし，軸の部分などは，仕上がりの状態を示しています．この図にはいろいろな記号が記入してありますが，これらは製図の本で調べてください．

　全体の図の下には，左から，熱処理をする部分，すなわち歯の部分だけに浸炭焼入焼戻しを施すことを示しています．次は，クラウニングで半径 9 m 以上の円弧で歯幅の端で 0.03 mm 歯厚を少なくすることを指定しています．次の図は，歯形の修整で，歯先，歯元ともに 0.02 mm 歯厚が小さくなるように指定しています．なお，これらのクラウニングと歯形の修整は，最終仕上げ，すなわち研削で行われます．

　次は，軸の部分の断面図で，キー溝の形と寸法を示します．一番

右側の図は，歯直角の標準基準ラック歯形です．ここに歯を切るときに直接必要な転位量 1.848 mm が示されています．転位量は転位係数とモジュールを掛けたものでしたね．ですから，転位係数は歯を切るのには直接関係がないので要目表の備考の欄にあったのです．

26.3 大はすば歯車の図面

図 26.3 に図 26.2 の小はすば歯車にかみ合う大はすば歯車の図面を示します．これらの歯車は，同時に設計されたものです．

要目表の読み方は，26.2 節でお話しましたから，比べながら読

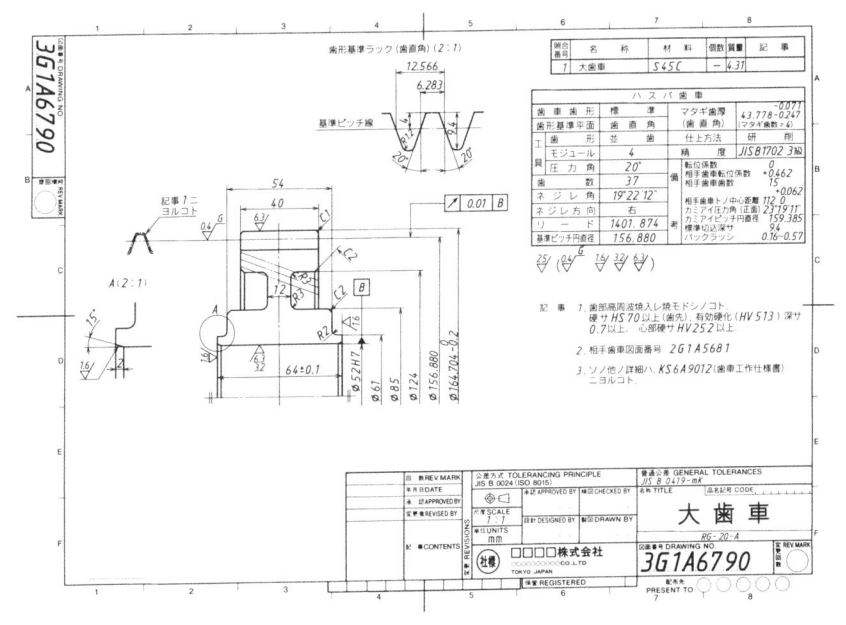

図 26.3 大はすば歯車[3]

み取ってください．標準はすば歯車としています．

　図26.2と違うところは，材料がS45Cとなっていて，機械構造用炭素鋼鋼材です．これは，大きな歯車ですから高価な合金鋼を用いたくなかったこと，強さの点で小歯車より少し楽であることなどの理由によります．この材料は，炭素の量が0.45％くらいです．ですから，ずぶ焼入れが可能ですが，歯の内部にねばり強さを残しておきたかったので，高周波焼入焼戻しを施すことにしました．硬さは，小歯車よりやや低い値です．それでも最終仕上げは研削が必要です．

　また，この歯車にはクラウニングと歯形の修整は施しません．これらは全部小歯車に施してあります．ですから小歯車の歯形の修整は歯先と歯元の両方に行ったのです．このことは，このような一口でいえばめんどうな歯の加工は，歯の数が少ないほうで行うのが有利だからです．

引 用 文 献

1)　桑田浩志編(2000)：機械製図マニュアル2000年版，図23.1
2)　文献1)，図23.4
3)　文献1)，図23.5

27. あ と が き

　"はじめに"でも触れたように，この本は，主として平歯車とすば歯車についてのお話をしました．お読みになって，平歯車とすば歯車についてもいろいろなことがあることがおわかりになったと思います．

　歯車は，重要な機械要素の一つです．機械は，研究と，技術と，技能で成り立っています．そのどの仕事についても，それは機械そのものを無事に運転するための大切な仕事です．

　私は，機械とは，運転されて，社会に役立つ働きをし続けることでその役目を果たすものと考えております．少なくとも10年，あるいは30年から50年は，働き続けるものでなければなりません．本当の意味の機械を理解したいものです．

　そのためには，本物の機械についての勉強や，本物の機械をよく観察したり，音を聴いたり，機械に触れて振動や熱を感じ取ったりして，機械をよくわかってあげることです．機械に似ているけれども機械ではない，機械らしいものでは，本当の機械のことはわかりません．本当の機械を理解し，それを運転し，その性能を十分に発揮させてあげたいものです．

　歯車は，機械の一構成部品にすぎないかも知れません．しかし，歯車がその性能を発揮しなければ，その機械そのものが運転できなくなる重要な部品なのです．

　歯車は，歯車そのものだけでは動けません．必ず軸に支えられ，

軸は軸受に支えられ，軸受は歯車箱や台枠に支えられています．これらは，精度よくつくられていることが必要ですし，力が加わったときにこわれてはもちろんいけませんが，曲がりやねじれなどの変形もある限度以下であることが必要です．そして，潤滑のことや潤滑油がもれないことや，発生した熱をどのようにして逃がすか，などの工夫が行われて，はじめて歯車としての働きをするものなのです．すなわち，歯車だけをピカピカにつくりあげても，そのまわりの技術がしっかりしていなければならないということです．

　かつて，歯車の研究をしたアメリカの有名な学者であるバッキンガム教授は，その名著『Spur gears』の中で次のように述べられておられるそうです．

　"歯形だけの，どのような改良や進歩もそれだけでは，その歯車を製作するときの，あるいは歯車装置を組み立てるときの用心深いそしてとても骨の折れる仕事の重要さの方が勝るでしょう"

　歯車の技術について，まったくすばらしいことをおっしゃっていると思います．

　歯車は，これからもいろいろな面で発達して行くでしょう．少なくとも，なくなることはないでしょう．みなさんも，その改良に加わりませんか．期待しております．

　この本では，詳しいお話を省いたところがあります．その都度お断りしたつもりですが，お断りができなかったところがあるかも知れません．お許しいただきます．お話を省いたところは，ぜひ専門の本で調べてください．

　このお話をするに当たって，たくさんの規格と本を参考にさせていただきました．終わりに，それらのご本を紹介申し上げるとともに，その編著者の皆様に感謝いたします．

参考規格及び参考文献

●日本工業規格
JIS B 0001（2000）　機械製図
JIS B 0003（1989）　歯車製図
JIS B 0102（1999）　歯車用語―幾何学的定義
JIS B 0105（1993）　工作機械―名称に関する用語
JIS B 0121（1999）　歯車記号―幾何学的データの記号
JIS B 0170（1993）　切削工具用語（基本）
JIS B 0401-1（1998）　寸法公差及びはめあいの方式
　　　　　　　　　　―第1部：公差，寸法差及びはめあいの基礎
JIS B 0401-2（1998）　寸法公差及びはめあいの方式
　　　　　　　　　　―第2部：穴及び軸の公差等級並びに寸法許容差の表
JIS B 0621（1984）　幾何偏差の定義及び表示
JIS B 1701-1（1999）　円筒歯車―インボリュート歯車歯形
　　　　　　　　　　第1部：標準基準ラック歯形
JIS B 1701-2（1999）　円筒歯車―インボリュート歯車歯形
　　　　　　　　　　第2部：モジュール
JIS B 1702（1976）　平歯車及びはすば歯車の精度（1998廃止）
JIS B 1702-1（1998）　円筒歯車―精度等級
　　　　　　　　　　第1部：歯車の歯面に関する誤差の定義及び許容値
JIS B 1702-2（1998）　円筒歯車―精度等級
　　　　　　　　　　第2部：両歯面かみ合い誤差及び歯溝の振れの定義並びに精度許容値
JIS B 1703（1976）　平歯車及びはすば歯車のバックラッシ（1999廃止）
JIS B 1741（1977）　歯車の歯当たり（1999廃止）
JIS B 1752（1989）　平歯車及びはすば歯車の測定方法（1999廃止）
JIS B 1753（1999）　歯車装置の受入れ検査―歯車装置から放射される空気伝ぱ音のパワーレベルの決定
JIS B 1754（1998）　歯車装置の受入れ検査―第2部：歯車装置の機械振動の測定方法及び振動等級の決定
JIS B 4232（1996）　インボリュートフライス
JIS B 4350（2002）　歯切工具―歯形及び寸法
JIS B 4354（1998）　歯車用ホブ―第1部：むくホブの形状寸法
JIS B 4355（1998）　歯車用ホブ―第2部：歯車用ホブの精度
JIS B 4356（1996）　ピニオンカッタ
JIS B 4357（2000）　丸形シェービングカッタ

JIS B 4358（1991）　ラックカッタ（1998 廃止）
JIS G 0201（2000）　鉄鋼用語（熱処理）
JIS G 0202（1987）　鉄鋼用語（試験）
JIS G 0203（2000）　鉄鋼用語（製品及び品質）
JIS G 3101（1995）　一般構造用圧延鋼材
JIS G 3201（1988）　炭素鋼鍛鋼品
JIS G 4051（1979）　機械構造用炭素鋼鋼材
JIS G 4052（1979）　焼入性を保証した構造用鋼鋼材（H 鋼）
JIS G 4102（1979）　ニッケルクロム鋼鋼材
JIS G 4103（1979）　ニッケルクロムモリブデン鋼鋼材
JIS G 4104（1979）　クロム鋼鋼材
JIS G 4105（1979）　クロムモリブデン鋼鋼材
JIS G 4106（1979）　機械構造用マンガン鋼鋼材及びマンガンクロム鋼鋼材
JIS G 5101（1991）　炭素鋼鋳鋼品
JIS G 5501（1995）　ねずみ鋳鉄品
JIS G 5502（2001）　球状黒鉛鋳鉄品
JIS H 3250（2000）　銅及び銅合金棒
JIS H 3270（2000）　ベリリウム銅、りん青銅及び洋白の棒及び線
JIS H 5101（1988）　黄銅鋳物（1997 廃止）
JIS H 5102（1988）　高力黄銅鋳物（1997 廃止）
JIS H 5111（1988）　青銅鋳物（1997 廃止）
JIS H 5113（1988）　りん青銅鋳物（1997 廃止）
JIS H 5114（1988）　アルミニウム青銅鋳物（1997 廃止）
JIS K 2213（1983）　タービン油
JIS K 2219（1993）　ギヤー油
JIS K 2220（1993）　グリース
JIS K 2238（1993）　マシン油
JIS K 2246（1989）　さび止め油
JIS Z 2500（2000）　粉末や（冶）金用語
JIS Z 2550（2000）　焼結金属材料―仕様

●日本工業標準調査会標準情報
TR B 0005（1999）　円筒歯車―検査方法―歯車歯面の検査
TR B 0006（1999）　円筒歯車―検査方法―両歯面かみ合い誤差，歯溝の振れ，歯厚及びバックラッシ

●日本歯車工業会規格
JGMA 111-03A（1984）　平歯車及びはすば歯車の穴、軸の直径の公差及び円筒度並

びに歯先円筒の直径の公差（ISO 規格に準拠）
JGMA 113-02（1984）　平歯車及びはすば歯車の中心距離の許容差（ISO 規格に準拠）
JGMA 114-02（1983）　平歯車及びはすば歯車の軸の平行精度（ISO 規格に準拠）
JGMA 116-02（1983）　平歯車及びはすば歯車のかみあい精度（ISO 規格に準拠）
JGMA 401-01（1974）　平歯車及びはすば歯車の曲げ強さ計算式
JGMA 402-01（1975）　平歯車及びはすば歯車の歯面強さ計算式
JGMA 611-01（1987）　円筒歯車の転位方式（ISO 規格に準拠）
JGMA 6101-01（1988）　平歯車及びはすば歯車の曲げ強さ計算式（ISO 規格に準拠）
JGMA 6102-01（1989）　平歯車及びはすば歯車の歯面強さ計算式（ISO 規格に準拠）
JGMA 8001-01（1991）　歯車装置検査規定　歯車装置の音響パワーレベル測定方法（ISO 規格に準拠）
JGMA 8002-01（1992）　歯車装置検査規定　歯車装置の機械振動測定方法（ISO 規格に準拠）

● 書　　籍
中田　孝（1949）：転位歯車　誠文堂新光社
平山　嵩ほか（1950）：図学　培風館
森田繁一（1959）：初等力学　培風館
仙波正荘（1966）：歯車　第 1 巻　日刊工業新聞社
岡野修一ほか（1967）：わかりやすい機械講座　機械の要素　明現社
草間秀俊ほか（1967）：機械工学概論　理工学社
近畿歯車懇話会（1971）：歯車の設計・製作（Ⅰ）　大河出版
山田義昭（1978）：機械工作法（歯車・歯切）　パワー社
門間改三（1978）：大学基礎　機械材料　実教出版
和栗　明ほか（1980）：歯車の設計・製作とその耐久力　養賢堂
佐々木賢市（1981）：図解　歯車製作の手順と実際　技術評論社
文部省・日本機械学会（1985）：学術用語集機械工学編　日本機械学会
日本機械学会（1986）：機械工学便覧　日本機械学会
機械システム設計便覧編集委員会（1986）：JIS に基づく機械システム設計便覧　日本規格協会
仙波正荘ほか（1988）：JIS 使い方シリーズ　歯車伝動機構設計のポイント　日本規格協会
日本歯車工業会（1990）：五十年のあゆみ　日本歯車工業会
日本歯車工業会（1991）：新歯車便覧　日本歯車工業会
桑田浩志ほか（2000）：JIS 使い方シリーズ　機械製図マニュアル 2000 年版　日本規格協会

索引（和英）

［あ行］

圧入　press fit　193
圧力角　pressure angle　73
油切り　slinger　183
アルミニウムクロムモリブデン鋼　aluminium chromium molybdenum steel　141
アルミニウム青銅　aluminium bronze　142
安全率　safety factor　128
鋳物砂　molding sand　187
インベストメント法　investment casting process　145
インボリュート関数　involute function　61
インボリュート曲線　involute curve　59
インボリュート歯形　tooth profile of involute　60
インボリュートフライス　involute gear milling cutter　146
ウォーム　worm　36
　——ギヤ対　worm gear pair　36
　——ホイール　worm wheel　36
打ち抜き　blanking　145
内歯車　internal gear　31
内歯車対　internal gear pair　31
x-0歯車　x-zero gear　85
x-歯車　x- gear　85
エネルギー　energy　9
円すいころ軸受　tapered roller bearing　188
円筒歯車対　cylindrical gear pair　27
エンドリリーフ　end relief　119
オイルシール　oil seal　183
オイルポンプ　oil hydraulic pump　16
オイルモータ　oil hydraulic motor　16
黄銅　brass　142
応力　stress　121
　——の集中　stress concentration　128
応力-ひずみ線図　stress-strain curve　122
オーバピン（玉）　over pin (ball), measurement over balls or rollers　97, 174
オープンギヤ　open gearing　181
親歯車　master gear　163

[か行]

外転サイクロイド　epicycloid　58
外力　external force　121
角速度　angular velocity　14
重なりかみ合い率　overlap ratio　110
かさ歯車対　bevel gears　32
ガスタービン　gas turbine　179
片持ちはり　cantilever　124
かみあい圧力角　working pressure angle　100
かみあい長さ　length of path of contact　82
かみあいピッチ円　working pitch circle　101
かみあいピッチ点　working pitch point　117
かみあい率　contact ratio, transverse contact ratio　81, 96
冠歯車　crown gear　34
キー溝　keyway　195
基円　base circle　58
器械　instrument　10
機械　machine　9
機械構造用合金鋼鋼材　alloyed steels for machine structural use　141
機械構造用炭素鋼鋼材　carbon steels for machine structural use　138
機械試験　mechanical test　123
機械要素　machine elements　11
機器　instrument　10
基準ピッチ　reference pitch　73
基礎円　base circle　60, 82, 96
逆関数　inverse function　62
逆転装置　reversing gear　51
ギヤコンパウンド　gear compound grease　181
ギヤブランク　gear blank　147
ギヤ油　gear oil　176
キャリパ　caliper　173
球状黒鉛鋳鉄　spheroidal graphite iron castings　138
境界潤滑　boundary lubrication　179
強制潤滑　force-feed lubrication　182
共鳴　resonance　185
距離　distance　13
切下げ　undercut　85
　——限界　limit of undercut　90
キルド鋼　killed steel　138
食い違い軸歯車対　crossed gears　34
駆動歯車　driving gear　39
クラウニング　crowning　118, 198
グラファイト　graphite　181
グリース　labricating grease　176

クロム鋼　chromium steel　141
クロムモリブデン鋼　chomium molybdenum steel　141
研削　grinding　154
減速　speed reducing　22
　——歯車列　speed reducing gears train　40
　——比　speed reducing ratio　40
原動機　prime mover　191
弦歯厚　normal chordal tooth thickness　97,168
工具　tool　10
　——の干渉　cutter interference　85
高周波焼入れ　induction hardening　139
構造物　structure　10
剛体　rigid body　16
降伏点　yield point　123
効率　efficiency　24
高力黄銅　high strength brass　142
高炉　blast furnace　138
固体潤滑剤　solid lubricant　180
固有振動　proper oscillation　185

[さ行]

サイクロイド曲線　cycloid curve　57
サイクロイド歯形　tooth profile of cycloid　59
最小歯数　minimum number of teeth　85
差動歯車装置　differential gear unit　51
シール　seal　183
シェービング　gear shaving　153
軸　shaft, axis　11
軸受　bearing　11
軸角　shaft angle　32
軸直角平面　plane perpendicular to the axis　107
仕事　work　9,13
　——率　power　13
質量効果　mass effect　142
自動締まり　self locking　44
斜交かさ歯車対　angular bevel gear pair　34
射出成形　injection molding　157
潤滑　lubrication　179
　——剤　lubricant　179
　——油　lubricating oil　176
蒸気機関　steam engine　25
衝撃試験　impact test　123
焼結　sintering　157
条数　number of threads　39
小歯車　pinion　28
正面かみ合い率　transverse contact ratio　110
正面基礎円ピッチ　transverse base pitch　82,96

正面作用線　transverse line of action　82
正面歯厚　transverse tooth thickness　96
正面ピッチ　transverse pitch　96
シリンダ　cylinder　16
浸炭焼入れ　carburizing hardening　140
振動　vibration　185
すぐばかさ歯車対　straight bevel gear pair　32
スケール　scale　187
スコーリング　scoring　132
進み角　lead angle　29
スピンドル油　spindle oil　180
スプライン　spline　80
成形歯切り　gear shaping　146
青銅　bronze　142
接触応力　contact stress　126
接線方向の力　tangential force　20
セラミックス　ceramics　144
セレーション　serration　153
洗浄油　flushing oil　187
全歯形誤差　total profile deviation　159
全歯すじ誤差　total helix deviation　159
騒音　noise　185
創成歯切り　gear generating　146
増速　speed increasing　22

――歯車列　speed increasing gear train　43
――比　speed increasing ratio　43
装置　apparatus　10
増ちょう剤　thickner of grease　176
相当平歯車歯数　equivalent number of teeth　108
速度　velocity　13
――伝達比　transmission ratio　40
塑性変形　plastic deformation　123
損失　loss　24

[た行]

タービン油　turbine oil　180
対偶　pair　18
大歯車　wheel, gear　28
ダイヤメトラルピッチ　diametral pitch　74
太陽歯車　sun gear　49
高歯　high tooth　79
縦の弾性係数　modulus of elasticity in tension　123
単一ピッチ誤差　single pitch deviation　159
弾性限度　elastic limit　123
弾性変形　elastic deformation　9
炭素当量　carbon equivalent　142, 194

断面係数　modulus of section　125
チェーン　chain　11
近寄りかみあい長さ　length of approach path　82
力　force　13
中間歯車　idle gear　41
鋳鋼　cast steel　137
中心距離　centre distance　20, 88, 95
　——修正係数　centre distance modification coefficient　100
　——の許容差　centre distance tolerance　165
鋳造　casting　145
鋳鉄　cast iron　137
中立軸　neutral axis　125
中立面　neutral surface　125
頂げき　bottom clearance　93
ちょう度　consistency　180
疲れ試験　fatigue test　123
疲れ強さ　fatigue strength　126
継手　coupling　181
鼓形ウォームギヤ対　double enveloping worm gear pair　36
釣り掛け式駆動装置　nose suspension axle hang driving system　45
つる巻き線　helix　28
データム線　datum line　71
転位係数　rack shift coefficient　86, 100
転位平歯車（x-歯車）　profile shifted spur gear（x-gear）　85, 86
転位量　rack shift　86, 103
点検ふた　inspecting door　189
電磁石　electro magnet　16
転造　form rolling　156
電動機　electric motor　16
転炉　converter　138
と石　grindstone　154
銅合金　copper alloy　142
動力　power　13
遠のきかみあい長さ　length of recess path　82
とがり限界　limit of sharpen tip　90
止めねじ　setscrew　185
トルク　torque　14
　——コンバータ　hydraulic torque converter　16

[な行]

内転サイクロイド　hypocycloid　58
内燃機関　internal combustion engine　25
内力　internal force　121
並歯　full depth tooth　71, 79
2段減速　double reduction　42
ニッケルクロム鋼　nickel chromium steel　141
ニッケルクロムモリブデン鋼

nickel chromium molybdenum steel 141
二硫化モリブデン molybdenum disulfide 177
ねじ screw threads 11
——歯車対 crossed helical gear pair 36
ねじりモーメント torsional moment 14
ねじれ角 helix angle 30
熱可塑性プラスチック thermoplastics 157
熱硬化性プラスチック thermosetting plastics 157
熱処理 heat treatment 139
粘度 viscosity 180
伸び elongation 122
ノビコフ歯車 novikov gear 68

[は行]

歯当たり tooth contact 180, 188, 193
歯厚 tooth thickness 73, 168
配管 piping 16
配線 wiring 16
バイト single point tool 146
ハイポイドギヤ対 hypoid gear pair 35
排油プラグ discharge plug 193
歯形曲線 tooth profile curve 57
歯形（の）修整 profile modification 119, 198
歯切り gear cutting 146
歯車 toothed gear, gear 9
——形削り盤 gear shaping machine 151
——研削盤 gear grinding machine 155
——対 gear pair 27
——の精度等級 accuracy class for gears 159
——列 train of gears 39
歯先円 tip circle 87, 95
歯数 number of teeth of a toothed gear 39
——比 gear ratio 39
歯末のたけ addendum 73, 95
歯すじ tooth trace 28
はすばかさ歯車対 skew bevel gear pair 33
はすば歯車 helical gear 28, 107
はすば歯車対 helical gear pair 28
歯底円 root circle 87, 95
歯たけ tooth depth 73, 95
はだ焼き case hardening 140
歯直角平面 normal plane 107
バックラッシ backlash 168, 188, 193
発電機 generator 16
はねかけ潤滑 splash lubrication 178

歯溝の幅　space width　73
歯溝の振れ　tooth space runout　160
歯元のたけ　dedendum　73, 95
はり　beam　124
非金属材料　nonmetal materials　143
低歯　stub tooth　79
ひずみ　strain　121
左ねじれの歯車　gear with left-hand teeth　30
ピッチ円　pitch circle　71
ピッチ円直径　pitch diameter　95
引張試験　tensile test　123
引張強さ　tensile strength　123
非鉄金属　nonferrous metals　142
被動機　driven mover　191
被動歯車　driven gear　39
ピニオンカッタ　pinion type cutter　146, 150
標準基準ラック歯形　standard basic rack tooth profile　71
標準平歯車（x-0歯車）　standard spur gear（x-zero gear）　85
平等強さのはり　beam of uniform strength　130
表面粗さ　surface roughness　153
表面硬化法　surface hardening　140
平歯車　spur gear　28

平歯車対　spur gear pair　27
フェースギヤ　contrate gear　34
不思議歯車　Furgusson's mechanical paradox　91
普通サイクロイド　common cycloid　57
フックの法則　Hooke's law　122
プラスチック　plastic　143
ブリーザ　breather　183
振れ公差　run-out tolerance　185
プレス　press　145
フレッティング・コロージョン　fretting corrosion　190, 195
噴霧潤滑　spray lubrication　183
平行軸歯車対　parallel gears　27
ヘルツ応力　Hertzian stress　126
ベルト　belt　11
変速歯車装置　speed change gear drive　45
飽和温度　saturation temperature　185
補間　interpolation　63
ホブ　gear hob　146, 148
──盤　gear hobbing machine　149
ポンプ　pump　178

[ま行]

マイタ歯車対　miter gear pair　34
まがりばかさ歯車対　spiral bevel gear pair　33
マグネットプラグ　magnetic plug　189
曲げ応力　bending stress　124
曲げ試験　bend test　123
曲げモーメント　bending moment　124
摩擦係数　coefficient of friction　20
摩擦車　friction wheel　16,20
マシン油　machine oil　176
またぎ歯厚　sector span　97,173
マンガン鋼　manganese steel　141
右ねじれの歯車　gear with right-hand teeth　30
モジュール　module　74

[や行]

焼入れ　quenching　139
焼きばめ　shrink fit　188
焼戻し　tempering　139
やまば歯車対　double helical gear pair　30
遊星歯車　planetary gear　49
遊星歯車装置　planetary gear drive　49
遊星枠（キャリヤ）　planet gear　49
油面計　oil gauge　193
要目表　tabular　195
横フライス盤　horizontal milling machine　146

[ら行]

ラック　rack　31
――カッタ　rack type cutter　146,150
ラビリンスシール　labyrinth seal　183
リムド鋼　rimmed steel　138
流体潤滑　fluid lubrication　175
流体継手　fluid coupling　16
両歯面1ピッチかみ合い誤差　tooth-to-tooth radial composite deviation　160
両歯面かみ合い誤差　total radial composite deviation　159
りん青銅　phosphor bronze　142
累積ピッチ誤差　total cumulative pitch deviation　159
冷却フィン　cooling fin　183
ローレット　knurling　156

[わ行]

ワイヤカット　wire-electrical discharge machining　145
割り出し装置　dividing head　146

中里　為成(なかざと　ためしげ)

1934年　宮城県仙台市に生まれる
1953年　宮城県工業高等学校機械科卒業
1953年　東京芝浦電気株式会社入社
1962年　東芝学園工業専門部機械工学科修了
1962年　東京芝浦電気株式会社府中工場車両部にて鉄道車両の機械部分の設計業務に従事
1979年　東京芝浦電気株式会社府中工場技術情報システム部にて技術標準化業務に従事
1986年　株式会社東芝人事教育部東芝学園にて機械工学系の教育業務に従事
1990年　東芝エレベータテクノス株式会社研修センタにて機械工学の教育業務に従事
1993年　国立東京工業高等専門学校機械工学科にて機械工学の教育業務に従事
1998年　東京工業高等専門学校定年退官
　　　　東京工業高等専門学校非常勤講師
　　　　東京工科大学非常勤講師，2001年退官

▷主な著書
"社内標準化便覧"第3版（共著）（1995，日本規格協会）
"実践設計管理"（共著）（1986，日本規格協会）
"図面の新しい見方・読み方[改訂版]"（共著）（2002，日本規格協会）
"製図用語[解説]"（共著）（1993，日本規格協会）
"機械製図のおはなし[改訂版]"（2000，日本規格協会）
"機械製図マニュアル 2000年版"（共著）（2000，日本規格協会）

イラスト/小川　集(おがわ　あつむ)
　イラストレーター，宇都宮アート＆スポーツ専門学校漫画コース講師
　1952年　長崎に生まれる．
　1975年川崎のぼるプロダクションでアシスタント，1981年独立後，ゴルフ・つり漫画，歴史コミック，単行本・広告用イラスト，カット等を手掛ける．

| 歯車のおはなし　改訂版 | 定価：本体 1,400 円（税別） |

1996 年 6 月 20 日　第 1 版第 1 刷発行
2003 年 1 月 31 日　改訂版第 1 刷発行
2020 年 4 月 13 日　第 11 刷発行

著　者　中　里　為　成
発行者　揖　斐　敏　夫
発行所　一般財団法人　日本規格協会

権利者との協定により検印省略

〒108-0073　東京都港区三田 3 丁目 13-12　三田 MT ビル
https://www.jsa.or.jp/
振替　00160-2-195146

製　作　日本規格協会ソリューションズ株式会社
印刷所　奥村印刷株式会社

ⓒTameshige Nakazato, 2002　　　　　　　　　Printed in Japan
ISBN978-4-542-90263-3

- 当会発行図書，海外規格のお求めは，下記をご利用ください．
JSA Webdesk（オンライン注文）: https://webdesk.jsa.or.jp/
通信販売：電話 (03)4231-8550　FAX (03)4231-8665
書店販売：電話 (03)4231-8553　FAX (03)4231-8667

おはなし科学・技術シリーズ

単位のおはなし 改訂版
小泉袈裟勝・山本　弘 共著
定価：本体 1,200 円（税別）

続・単位のおはなし 改訂版
小泉袈裟勝・山本　弘 共著
定価：本体 1,200 円（税別）

はかる道具のおはなし
小泉袈裟勝 著
定価：本体 1,200 円（税別）

強さのおはなし
森口繁一 著
定価：本体 1,500 円（税別）

非破壊検査のおはなし
加藤光昭 著
定価：本体 1,359 円（税別）

摩擦のおはなし
田中久一郎 著
定価：本体 1,400 円（税別）

力学のおはなし
酒井高男 著
定価：本体 1,400 円（税別）

衝撃波のおはなし
高山和喜 著
定価：本体 1,165 円（税別）

顕微鏡のおはなし
朝倉健太郎 著
定価：本体 1,456 円（税別）

真空のおはなし
飯島徹穂 著
定価：本体 1,000 円（税別）

レーザ光のおはなし
飯島徹穂 著
定価：本体 1,400 円（税別）

機械製図のおはなし 改訂2版
中里為成 著
定価：本体 1,800 円（税別）

テクニカルイラストレーションのおはなし
三村康雄 他共著
定価：本体 1,400 円（税別）

油圧と空気圧のおはなし 改訂版
辻 茂 著
定価：本体 1,300 円（税別）

タイヤのおはなし 改訂版
渡邉徹郎 著
定価：本体 1,400 円（税別）

ベアリングのおはなし
綿林英一・田原久祺 著
定価：本体 1,600 円（税別）

ねじのおはなし 改訂版
山本　晃 著
定価：本体 1,100 円（税別）

チェーンのおはなし
中込昌孝 著
定価：本体 1,400 円（税別）

日本規格協会　　https://webdesk.jsa.or.jp/